Daiane Corrêa

LES ENGRAIS FOLIAIRES ET LES BIOSTIMULANTS

Daiane Corrêa

LES ENGRAIS FOLIAIRES ET LES BIOSTIMULANTS

Effets sur l'agriculture

ScienciaScripts

Imprint

Any brand names and product names mentioned in this book are subject to trademark, brand or patent protection and are trademarks or registered trademarks of their respective holders. The use of brand names, product names, common names, trade names, product descriptions etc. even without a particular marking in this work is in no way to be construed to mean that such names may be regarded as unrestricted in respect of trademark and brand protection legislation and could thus be used by anyone.

Cover image: www.ingimage.com

This book is a translation from the original published under ISBN 978-620-2-80852-1.

Publisher:
Sciencia Scripts
is a trademark of
International Book Market Service Ltd., member of OmniScriptum Publishing Group
17 Meldrum Street, Beau Bassin 71504, Mauritius
Printed at: see last page
ISBN: 978-620-3-36346-3

LES ENGRAIS FOLIAIRES ET LES BIOSTIMULANTS
Effets sur l'agriculture

DAIANE CORRÊA

Ingénieur agronome
Dr. Production végétale

RÉSUMÉ

Chapitre 1

L'ENGRAIS FOLIAIRE DANS LE DÉVELOPPEMENT DES PLANTES

Daiane Corrêa

Engrais foliaires et biostimulants pour les plantes

Les engrais foliaires et les biostimulants sont définis comme des composés synthétiques ou des biorégulateurs, ajoutés à d'autres substances, telles que des nutriments, des hormones de croissance, des acides aminés, des substances humiques, des substances organiques, des macro et micro-nutriments, des sels minéraux, des microorganismes, des glucides et des extraits d'algues (DABADIA, 2015 ; PETRI et al., 2016).

L'utilisation d'engrais foliaires et de biostimulants en tant que technique agronomique vise à promouvoir, modifier ou inhiber les processus métaboliques et physiologiques des plantes en stimulant la division et la différenciation cellulaires ainsi qu'une fructification efficace, afin d'optimiser la production agricole de certaines cultures, ce qui a gagné de l'espace ces dernières années, étant utilisé pour améliorer les performances productives des cultures agricoles (DOURADO NETO et al., 2004).

Les engrais foliaires et les biostimulants agissent sur la physiologie des plantes de différentes manières et par différents moyens pour améliorer la productivité et la qualité. Ce sont des produits d'origines diverses, sans résidus, et sont de plus en plus utilisés dans l'agriculture. De nombreux effets bénéfiques des biostimulants sont corrélés à leur capacité à influencer l'activité hormonale des plantes, qui est responsable de la régulation de leur développement, ainsi que de la production de réponses à l'environnement où elles se trouvent (DANTAS et al., 2012).

Parmi les régulateurs de croissance des plantes connus figurent les auxines, les gibbérellines, les cytokinines, l'acide abscissique, l'éthylène, les brassinostéroïdes, les jasmonates et les salicylates. Parmi les principales hormones constituant les biostimulants commerciaux figurent les auxines, les gibbérellines et les cytokinines, qui peuvent être ajoutées aux engrais foliaires, ainsi que les acides humiques, les acides fulviques et le carbone organique (ALBUQUERQUE et al., 2008).

Les auxines sont des régulateurs de plantes qui agissent sur l'enracinement des plantes, favorisant une plus grande croissance du système racinaire. L'auxine participe à la régulation de la dominance apicale, à l'initiation des racines latérales, à l'abscission des feuilles, à la différenciation vasculaire, à la formation des bourgeons floraux et au développement des fruits (TAIZ ; ZEIGER, 2013), en formant également de nouveaux centres méristématiques ou en activant les méristèmes existants qui induisent la formation des racines (PETRI et al., 2016).

Les gibbérellines sont présentes dans toute la plante et agissent tout au long du cycle végétatif et reproductif. Elles sont fonctionnelles dans les processus physiologiques des plantes liés à l'allongement de la tige, à la mobilisation des réserves, à l'induction de la floraison, à la nouaison et à la croissance des fruits et à l'induction de la germination des graines (ALBUQUERQUE et al., 2008).

L'acide gibbérellique est associé à la promotion de la croissance des tiges et l'application de ce régulateur végétal à une plante intacte peut induire une augmentation significative de sa hauteur. L'application exogène de gibbérelline favorise l'allongement des entre-noeuds et associé à cet effet, il y a également une réduction de l'épaisseur de la tige et de la taille de la feuille, outre la coloration vert clair des feuilles (TAIZ ; ZEIGER, 2013).

Les cytokinines ont montré des effets sur les processus physiologiques de développement, participant à la régulation de nombreux processus des tissus végétaux, notamment la sénescence des feuilles, la mobilisation des nutriments, la dominance apicale, la formation et l'activité des méristèmes apicaux (ALMEIDA et al., 2016), ainsi que le développement floral, la germination des graines et la dormance des bourgeons. Elle peut également servir de médiateur dans les actions liées au développement des plantes régulé par la lumière, notamment la différenciation des chloroplastes, le développement du métabolisme autotrophe et l'expansion des feuilles et des cotylédons (BOURSCHEIDT, 2011).

Les feuilles, ainsi que les racines, ont également la capacité d'absorber différentes hormones végétales biostimulantes composées de nutriments, par la pénétration de substances dans la cuticule lipidique, avec absorption à travers la surface du plasma et passage à travers la membrane plasmique, pour entrer dans le cytoplasme des cellules présentes dans la feuille (TAIZ ; ZIEGER, 2013).

LIMA et al. (2011) ont constaté que les quantités de macro-éléments qui devraient être appliquées via le sol sont beaucoup plus importantes que celles appliquées par voie foliaire, ce qui démontre une plus grande efficacité d'utilisation, mais la fertilisation foliaire devrait être conditionnée comme une pratique complémentaire à la fertilisation du sol, où les macro- et micro-éléments sont des composants supplémentaires pour le développement des plantes.

Les engrais foliaires disponibles sur le marché visent à fournir un ou plusieurs éléments essentiels au développement des plantes, appliqués sur la partie aérienne de la plante. L'application d'engrais foliaires contenant du K, Ca, Mg, Mn, B et Z dans leur composition a été adoptée par certains producteurs agricoles, dans le but d'augmenter la production et la qualité, et des engrais foliaires composés de sels et de chélates sont également utilisés (MELLO ; VITTI, 2002 ; GENUNCIO et al., 2010).

Pendant la phase initiale de développement du processus de germination et d'émergence des plantes, le traitement avec des produits phytosanitaires est très répandu. Des insecticides et des fongicides sont utilisés pour le traitement des semences. En outre, d'autres produits qui modifient la croissance et le développement des plantes peuvent être utilisés, tels que les régulateurs de croissance, les complexes avec des macro et micronutriments, ensemble ou séparément avec des biostimulants (BINSFELD et al., 2014).

L'adoption d'engrais foliaires par le traitement des semences, agit dans la promotion du développement racinaire des plants, favorisant de meilleures caractéristiques dans la production des plants et par conséquent, améliorant le développement végétatif des différentes espèces agricoles (HORNKE et al., 2018).

L'application d'engrais foliaires et de biostimulants composés d'engrais foliaires dans les premiers stades de développement de la plante peut également conférer une plus grande résistance à l'attaque des insectes nuisibles, des maladies et des nématodes au milieu de la culture. Ainsi, l'établissement plus rapide et plus uniforme des plantes se traduit par une bonne performance dans l'absorption des nutriments et, par conséquent, leur potentiel productif (FAIAD et al., 2002).

Dans ce contexte, les engrais foliaires et les biostimulants végétaux ont la capacité de fournir une plus grande absorption d'eau et de nutriments, ce qui permet une plus grande croissance et une meilleure structuration des plantes et, par conséquent, une plus grande résistance aux conditions défavorables pendant les périodes critiques du cycle de culture (RODRIGUES et al., 2015).

Nutrition des plantes potagères

Les légumes sont des plantes très exigeantes en termes de macro- et de micronutriments, et les niveaux et l'accumulation de ces éléments par la culture peuvent varier, notamment en fonction du stade de développement de la plante, du cultivar et de la production estimée à obtenir (BASTOS et al., 2013).

La fertilité du sol et les besoins des cultures sont des facteurs extrêmement importants dans les zones de culture pour développer un programme de gestion des engrais correct. Un apport insuffisant d'un élément essentiel entraîne des troubles nutritionnels qui se manifestent par une altération des activités métaboliques de la plante (MALAVOLTA, 2006).

Les caractéristiques définies comme des symptômes de carence et des troubles phosiologiques, qui peuvent apparaître dans les feuilles, les tiges ou les fruits. Ces troubles sont liés aux rôles spécifiques joués par chaque élément minéral, qu'il soit macro ou micronutriment (TAIZ ; ZEIGER, 2013).

L'absorption des nutriments se fait tout au long de la croissance de la plante, et augmente au fur et à mesure de son développement. La plus grande demande en nutriments se produit pendant la période de floraison et le plus grand développement des fruits, et pendant cette même période, la plante devient plus vulnérable à l'attaque des agents pathogènes, principalement des champignons et des bactéries, une période pendant laquelle il est possible de vérifier la plus grande fréquence des symptômes de carence en nutriments minéraux (FERREIRA et al., 2010).

La carence ou l'excès d'un élément minéral, influence grandement l'activité des autres, et exerce un effet marqué, avec des conséquences qui se répercutent sur le métabolisme de la plante. Il convient également de noter que la présence d'un élément dans le sol n'implique pas nécessairement sa disponibilité pour la plante (TAIZ ; ZIEGER, 2013).

La disponibilité des éléments nutritifs peut souffrir de l'interférence des conditions environnementales au type de sol, comme le pH, l'humidité et la température, ainsi qu'en fonction de la quantité de l'élément présent dans le sol, de sa forme et de sa solubilité, et de la capacité d'assimilation de la plante (HUBER, 1980).

Le besoin en N de la tomate est le plus important dans les premiers stades de croissance. N augmente le poids en matière sèche des racines, de la tige, des feuilles et des fruits, la hauteur de la plante, le nombre de feuilles, la surface foliaire, la floraison, la nouaison et la productivité. En son absence ou en cas d'insuffisance, la croissance de la plante est retardée et les feuilles les plus âgées deviennent vert jaunâtre (FERREIRA et al., 2010).

Le phosphore (P) influence directement le taux de croissance des plants de tomates, dès les premiers stades de leur développement. En raison de sa carence, les feuilles les plus anciennes acquièrent une couleur violacée due à l'accumulation du pigment anthocyanine. Aux stades ultérieurs du développement, les feuilles présentent des zones brun-violet qui se développent en nécrose, tombent prématurément et la plante retarde la fructification (MUELLER et al., 2015).

Le potassium (K) est le nutriment le plus extrait des légumes solanacés, en raison de la longue période de floraison et de fructification de la plante, agissant pour favoriser la croissance initiale, l'accumulation des sucres, la régulation de l'ouverture stomatale, directement liée à la photosynthèse et par conséquent à la synthèse des photo-assimilats, de l'activateur enzymatique et du poids des fruits. Une carence en potassium ralentit la croissance des plantes, entraînant une réduction du nombre et de la taille des fruits, ce qui nuit également à la fermeté des fruits, tandis que les nouvelles feuilles s'amincissent et que les anciennes présentent un jaunissement sur les bords (KANAI et al., 2007).

Le calcium (Ca) est un composant clé des cellules, il maintient la structure des parois cellulaires et stabilise les membranes cellulaires, il contribue à la structuration et à la rigidité de la paroi cellulaire des tissus des fruits, contribuant à l'augmentation du développement reproductif des plantes. Le processus de germination du grain de pollen et la croissance du tube pollinique, qui garantira la fertilisation de la fleur, sont également étroitement liés au Ca (MARSCHNER, 1995).

Lorsque la plante n'est pas suffisamment approvisionnée en Ca, des lésions se produisent avec la présence de nécrose déprimée, sèche et noire, connue sous le nom de pourriture apicale, ainsi que de tissu nécrotique à l'intérieur du fruit, appelé cœur noir, et la mort des points de croissance peut survenir (EMBRAPA, 2003). Le calcium est également un nutriment très important dans l'activation des enzymes, dans la régulation du mouvement de l'eau dans les cellules et est essentiel pour la division cellulaire, améliorant la fermeté et la taille du fruit, donc la productivité (MALAVOLTA, 2006).

Le magnésium (Mg) se caractérise par ses activités dans le transfert d'énergie et la synthèse des protéines, en tant qu'activateurs enzymatiques dans la respiration, la photosynthèse et la synthèse de l'ADN et de l'ARN, améliorant la floraison et la production des plantes. Les symptômes de la carence sont une décoloration des marges des folioles les plus anciennes, qui progresse vers la zone internervaire, les nerfs restant verts et nécrosant ensuite les tissus (MOGOR et al., 2013).

Les nutriments K, Ca et Mg se déplacent vers la partie aérienne grâce au courant transpiratoire présent dans la plante. Ainsi, les symptômes de carence apparaissent d'abord dans les feuilles les plus anciennes (MALAVOLTA et al., 2006). Une fois incorporé dans le tissu cellulaire, le Ca est immobile, d'où la nécessité d'un approvisionnement constant pour répondre à la croissance du fruit (ALVARENGA, 2004).

Parmi les micronutriments, le bore (B) est impliqué dans la production d'acide nucléique et d'hormones végétales, le mouvement des sucres dans la plante et le métabolisme et la translocation des hydrates de carbone. Le zinc (Z) est corrélé avec le développement et la fonction des régulateurs de croissance produits par la plante, comme l'auxine, qui influencent l'élongation des entre-nœuds, et peuvent provoquer la division des fruits en cas de carence nutritionnelle (RODRIGUES et al., 2002).

Le fer (Fe) agit pour réduire la production de chlorophylle dans la plante, provoquant des perturbations dans la structure des chloroplastes, inhibant la synthèse des lipides dans les plantes, provoquant la chlorose des feuilles, qui deviennent alors blanchâtres. Le manganèse (Mn) est lié à la production de chlorophylle dans les plantes et à la plus grande rigidité des cellules, et peut provoquer comme symptômes de carence une légère chlorose internervaire dans les vieilles feuilles, les taches peuvent devenir violacées et les feuilles inférieures totalement jaunes (OLIVEIRA et al., 2006).

Dans ce contexte, la fertilisation foliaire consiste à fournir à la plante des éléments nutritifs en pulvérisant les parties aériennes, rendant ainsi les éléments minéraux disponibles dans les feuilles. L'application foliaire vise à corriger les carences en macro et micro nutriments, une fois que les symptômes ont été détectés visuellement dans les feuilles ou identifiés par une analyse en laboratoire du tissu foliaire (RODRIGUES et al., 2002).

L'application foliaire d'éléments nutritifs est rapide et efficace, dépassant la fertilisation du sol, mais elle ne la remplace pas. La fertilisation foliaire est donc adoptée comme stratégie supplémentaire pour l'application d'engrais, complétant les cultures tout au long de leur développement (BOARETTO et al., 1989).

Références

ALBUQUERQUE, T. C. S. et al. Reguladores de crescimento vegetal na concentração de macronutrientes em videira itália. **Bragantia,** Campinas, v. 67, n. 3, p. 553-561, 2008.

ALVARENGA, M. A. R. Tomate : produção em campo, em casa de vegetação e em hidropônia. Lavras : UFLA, 2004, p. 391.

ALMEIDA, G. ; M. et al. Développement des plantes par l'interférence des auxines, des cytokinines, de l'éthylène et des gibbérylines. **Journal brésilien de technologie appliquée aux sciences agricoles,** Guarapuava, v. 9, n. 3, p. 111-117, 2016.

ARYSTA LIVE SCIENCE DO BRASIL. Biozyme. Disponible à l'adresse suivante : https://www.upl-ltd.com/br/defensivos-agricolas/tratamento-de-sementes/biozyme. Accès le : 02 juil. 2020.

BASTOS, A. R. R. et al. **Nutrição mineral e adubação do tomate.** 2. éd. Lavras : Editora Universitária. 2013. 130 p.

BINSFELD, J. A. et al. Uso de bioativador, bioestimulante e complexo de nutrientes em sementes de soja. **Pesquisa Agropecuária Tropical,** Brasília, v. 1, n. 1, p. 88-94, 2014.

BOARETTO, A. E. et al. **Foliar fertilization.** Campinas : Fondation Cargill, v. 2, 1989. 652 p.

BOURSCHEIDT, C. E. Bioestimulante e seus efeitos agronômicos na cultura da soja (*Glycine max*). **Pesquisa Agronômica Brasileira,** Ijuí, v. 28, p. 201-217, 2011.

DABADIA, A. C. A. Uso de bioestimulante na assimilação do nitrato e nos caracteres agronômicos em feijoeiro. **Cultura Agronômica,** Ilha Solteira, v. 24, n. 4, p. 321-332, 2015.

DANTAS, A. C. V. L. et al. Effet de l'acide gibbérellique et du bioestimulant Stimulate® sur la croissance initiale de la thamarine. **Revista Brasileira de Fruticultura,** Jaboticabal, v. 34, n. 1, p. 08-14, 2012.

DOURADO NETO, D. et al. Aplicação e influência do fitorregulador no crescimento das plantas de milho. **Revista da Faculdade de Zootecnia, Veterinária e Agronomia,** São Carlos, v. 11, p. 93-102, 2004.

EMPRESA BRASILEIRA DE PESQUISA AGROPECUÁRIA. EMBRAPA. **Cultivo de tomate para industrialização.** Brasília : EMBRAPA, v. 1, 2003. 13 p. (Circulaire technique)

FAYAD, J. A. et al. Absorption des nutriments par la tomate cultivée dans des conditions de champ et d'environnement protégé. Revista Horticultura Brasileira, Brasília, v. 20, p. 90-94, 2002.

FERREIRA, M. M. M. et al. Eficiência da adubação nitrogenada do tomatoiro em duas épocas de cultivo. **Revista Ceres,** Viçosa, v. 57, n. 2, p. 263-273, 2010.

FERREIRA, D. F. Sisvar : un système d'analyse statistique informatique. **Ciência e Agrotecnologia,** Lavras, v. 35, n. 6, p. 1039-1042, 2011

GENUNCIO, G. C. et al. Produção de cultivares de tomateiro em hidroponia e fertirrigação sob razões de nitrogen e potássio. **Horticultura Brasileira,** Brasília, v. 28, p. 446-452, 2010.

HORNKE, N. F. et al. Utilisation d'engrais foliaire dans la performance physiologique des graines de potiron Moranga. **Tecnologia e Ciência Agropecuária,** São Paulo, v. 12, n. 3, p. 31-35, 2018.

HUBER, D. M. Le rôle de la nutrition minérale dans la défense. **Academic Press,** New York, v. 5, p.381-406,1980.

LIMA, A. A. et al. Foliar concentration of nutrients and productivity of tomato cultivated under different substrates and doses of humic acids. **Revista Horticultura Brasileira,** Brasília, v. 29, p. 63-69, 2011.

MALAVOLTA, E. **Nutrição mineral de plantas**. São Paulo : Ed. Agr. Ceres. 2006. 631 p.

MARSCHNER, H. **Mineral nutrition of higher plants**. Londres : Academic Press, 1995.

MELO, L. D. F. A. et al. Action des phytorégulateurs dans la culture des haricots (*Phaseolus vulgaris L.*), du tournesol (*Helianthus annuus L.)* et du maïs (*Zea mays L.*). **Educação Ambiental em Ação**, Rio Largo, v. 56, n. 15, p.1-5, 2016.

MOGOR, A. F. et al. Chlorophyll content in tomato cultivars submitted to foliar applications of magnesium. **Pesquisa Agropecuária Tropical,** Goiânia, v. 43, n. 4, p. 363-369, 2013.

MUELLER, S. Modos de aplicação de fósforo para duas cultivares de tomato. **Revista Horticultura Brasileira,** Brasília, v. 33, p. 356-361, 2015.

OLIVEIRA, R. H. Caracterização de sintomas visuais de deficiência de micronutrientes em tomatoiro do grupo salada. **Semina,** Londrina, v. 30, v. 11, p. 1093-1100, 2006.

PETRI, J. L et al. **Régulateurs de croissance pour les arbres fruitiers de climat tempéré**. Epagri, 2016, 141 p.

RODRIGUES, D. S. et al. Quantité absorbée et concentrations de micronutriments dans les plants de tomates en culture protégée. **Scientia Agricola**, Botucatu, v. 59, n. 1, p. 137-144, 2002.

TAIZ, L. ; ZEIGER, E. Physiologie végétale. 5.ed. Porto Alegre : Artmed, 2013. 954 p.

Chapitre 2

ENGRAIS FOLIAIRE ET BIOSTIMULANT DANS LES PLANTS DE TOMATES

Daiane Corrêa, Janiele Freire Polaciski et Suelen Cristina Uber

Introduction

La tomate (*Solanum lycopersicum* L.), appartenant à la famille des Solanacées, est l'un des légumes les plus répandus dans le monde, occupant une place de choix sur la table du consommateur. Cette culture s'est adaptée et est cultivée dans pratiquement toutes les régions géographiques du monde, dans différents systèmes de culture et à différents niveaux de gestion culturelle, étant largement diffusée dans les cultures protégées (MELO et al., 2016).

La tomate est présente sur la table de la majorité de la population, étant le deuxième légume le plus produit et le premier le plus consommé au monde, *sous* diverses formes, de la consommation *fraîche* en salade, aux produits industrialisés tels que les sauces et les extraits. Son importance alimentaire et nutritionnelle est caractérisée par la forte concentration de lycopène, un puissant antioxydant, qui augmente l'immunité, aidant le corps à se protéger contre les radicaux libres (SHAMI ; MOREIRA, 2004).

La production mondiale de tomates s'élevait à plus de 177 millions de tonnes, cultivées dans plus de 175 pays, soit une superficie d'environ 4,8 millions d'hectares. Parmi les pays où la culture est la plus importante, la Chine, l'Inde et les États-Unis se distinguent. Le Brésil est le 9e producteur mondial de tomates, avec une production dépassant 4,1 millions de tonnes, ce qui correspond à 3 % de la production mondiale totale de fruits (FAOSTAT, 2018).

La culture de la tomate se distingue principalement dans les régions au climat subtropical, où les plantes se développent dans des environnements dont les températures optimales se situent entre 18 et 32ºC. La culture dans les régions tropicales s'est développée progressivement, notamment avec l'établissement de zones agricoles pour la production de tomates destinées à la transformation industrielle (BECKER et al., 2016).

Pour la production de tomates de table, destinées à la consommation *fraîche, en* particulier dans la région du centre-ouest, caractérisée par un climat tropical, avec des températures et des précipitations élevées, on manque d'informations sur le développement végétatif et productif du plant de tomate.

Les biostimulants, qui peuvent être classés dans le groupe des régulateurs de croissance ou parmi les engrais foliaires, ont été mis en œuvre dans différentes cultures agricoles, principalement dans la production de céréales et d'oléagineux, dans le but d'améliorer le développement et les performances productives des plantes en agriculture (PETRI, et al. 2016).

Ainsi, les engrais foliaires et les biostimulants apparaissent comme une alternative pour encourager la culture des tomates de table dans la région du Centre-Ouest, avec une utilisation potentielle allant du traitement des semences pour la production de plants à la période de floraison des plantes, par application foliaire.

Dans ce contexte, l'objectif de ce travail était d'évaluer la croissance végétative du plant de tomate en fonction de l'application d'engrais foliaires et de biostimulants.

Matériel et méthodes

L'expérience a été menée à l'Université d'État du Mato Grosso (UNEMAT), Campus universitaire de l'Alta Floresta-MT *campus* 2 (9°53'49.1" S 56°05'37.1" O) dans la période de mars à mai 2020.

Les plantes ont été cultivées pendant la période de germination, d'émergence et de développement initial dans une serre avec une température moyenne de 26º C et une irrigation quotidienne. Par la suite, ils ont été placés dans une serre dont la température ambiante se situait entre 22 et 38º C, et irrigués trois fois par semaine.

Le climat de la région est de type Am, selon la classification Koppen, étant tropical pluvieux, atteignant un indice de précipitation élevé en été, qui peut atteindre des valeurs supérieures à 2 500 mm, et un hiver sec, avec des températures élevées. La température annuelle moyenne est d'environ 25 °C (OLIVEIRA, 2006).

Avant de transplanter les jeunes plants dans des pots, une analyse du sol a été effectuée, recueillie à une profondeur de 0 à 20 cm, pour vérifier la nécessité d'une correction et d'une fertilisation. L'analyse a été effectuée par le Laboratoire d'analyse des sols, des engrais et des feuilles - LASAF, UNEMAT. Pour déterminer les attributs chimiques et physiques du sol, les échantillons ont été soumis à une analyse selon la méthodologie décrite par l'EMBRAPA (SILVA, 2009).

La terre recueillie dans la zone expérimentale pour remplir les pots est classée comme Latosol dystrophique rouge-jaune (OLIVEIRA, 2006). Le sol a été corrigé avec du calcaire car sa saturation en base (V%) était inférieure à celle recommandée pour la culture, qui est de 80% (RAIJ et al., 1996). Des engrais minéraux ont également été utilisés, sur la base des résultats des analyses de sol et des recommandations et indications techniques pour la culture de la tomate, avec un NPK correspondant à 50, 200 et 250 kg/ha (BECKER et al., 2016).

Le plan d'expérience était entièrement randomisé (DIC), avec 5 traitements avec des doses croissantes de biostimulant. Pour la production de semis, quatre répétitions ont été adoptées avec 25 unités expérimentales, soit un total de 100 semis par traitement. Après la transplantation dans des pots de 10 L, 6 répliques ont été utilisées pour chaque traitement, chacune consistant en une unité expérimentale (plante) par pot.

Les traitements étaient composés de différentes doses d'engrais foliaire et de biostimulant (Biozyme), soit 2 ml/L, 4 ml/L, 6 ml/L, 8 ml/L et le contrôle (0 ml/L), composé uniquement d'eau. Chaque dose de biostimulant a été mesurée à l'aide d'une seringue insérée dans un bécher contenant 1 L d'eau.

Tableau 2 - Composition chimique avec les éléments minéraux hydrosolubles, les constituants de l'engrais foliaire et le biostimulant utilisés dans l'expérience.

Composition	% p/p	w/v (g/L)
Azote	1,00	18
Potassium	5,00	60
Bore	0,08	0,96
Fer	0,40	4,8
Manganèse	1,00	12
Soufre	1,00	12
Zinc	2,00	24
Carbone organique	3,50	42

Source : Arysta Life Science (2020).

Des graines de tomates, cultivar Santa Clara 5.800, achetées commercialement dans la municipalité d'Alta Floresta-MT, ont été immergées dans la solution composée de chaque traitement, contenant les différentes doses pendant 3 minutes.

Après cette période, ils ont été semés dans des plateaux en polyéthylène à 200 cellules, avec 2 graines allouées dans chaque cellule, qui contenaient un substrat commercial Carolina Soil, composé de tourbe de sphaigne, de perlite expansée, de vermiculite expansée, de balle de riz grillée et de calcaire. Les semis ont été éclaircis 5 jours après la levée (DAE).

Les jeunes plants ont été transplantés à 20 DAE dans des pots, d'abord placés dans la serre et ensuite, à 30 DAE, emmenés dans la serre, recouverts de bardeaux sur les côtés et recouverts d'un film plastique transparent.

Pendant la croissance de la partie aérienne, trois applications de biostimulants ont été faites dans chaque traitement, avec des doses différentes, la première à 15 DAE, la deuxième à 27 DAE et la troisième à 40 DAE. Toutes les plantes de l'expérience ont également été complétées avec du N, P, K, Ca et Mg par une application au sol à 30 jours de DAE, selon les indications et les recommandations techniques pour la culture (BECKER et al., 2016).

Les variables analysées le jour de la transplantation des plantes des plateaux aux pots dans la serre à 20 DAE étaient les suivantes : hauteur de la plante (PA) cm, longueur des racines (RC) cm, longueur totale de la plante (TLC) cm, diamètre de la tige (CD) cm, teneur relative en chlorophylle (RCT) % et nombre de feuilles (LE) n. dans 10 plantes, choisies au hasard dans chaque traitement, et les plantes ont été rejetées en raison d'évaluations avec des échantillons destructifs.

A 34 et 47 DAE, les plantes étant déjà dans les pots et conduites dans la serre, les variables AP, DC, NC et CRT ont été évaluées dans toutes les plantes de chaque traitement.

La hauteur de la plante a été mesurée de la hauteur du collier (cm) à son extrémité à l'aide d'une règle millimétrique.

La longueur des racines (cm) a été estimée sur les plantes à 20 DAE, à l'aide d'une règle millimétrique, de la base du collier à l'extrémité de la plus grosse racine, après que les racines aient été lavées dans l'eau avec une agitation constante pour enlever le substrat qui s'est accumulé dans le système racinaire.

Avec les données sur la hauteur des plantes et la longueur des racines, la longueur totale des plantes (TPC) a été estimée en additionnant les résultats obtenus dans les évaluations PA et CR à 20 DAE.

Le diamètre de la tige a été exprimé à l'aide d'un pachymètre numérique en (cm), qui a été inséré dans la tige de la plante à 3 cm au-dessus de la surface du sol.

Le nombre de feuilles a été estimé par comptage numérique (n.) de toutes les feuilles présentes sur la plante. La teneur relative en chlorophylle (TRC) a été déterminée par des lectures avec un chlorophyllemètre (%), modèle Minolta SPAD-502, dans la partie médiane de la feuille, sur quatre feuilles par répétition.

Les données ont été soumises à une analyse de variance et les moyennes ont été comparées par le test de Tukey à une probabilité de 5% en utilisant le logiciel statistique SISVAR.

Résultats et discussion

Selon les variables analysées (tableau 2), à 20 jours après l'émergence, par rapport aux différentes doses de biostimulant, la dose de 6 ml/L différait des autres, montrant le meilleur développement végétatif, avec 16,9 cm. Toutefois, les doses composées des traitements 4 et 8 ml/L, égales entre elles, ont également donné des résultats supérieurs par rapport à la plus faible dose de biostimulant testée et au contrôle.

Pour la longueur des racines, les doses de 6 et 8ml/L étaient différentes des autres évaluées, cependant, elles étaient égales entre elles, et ces doses ont obtenu la plus grande longueur du système racinaire.

Tableau 2- Hauteur de la plante (PA) cm, longueur de la racine (RC) cm, longueur totale de la plante (TPC) cm, nombre de feuilles (LE) n, diamètre de la tige (CD) mm et teneur relative en chlorophylle (RCT) des plants de tomates (*Solanum lycopersicon* Mill.) à 20 jours après la levée en fonction de différentes doses d'engrais foliaire et de biostimulant.

Traitements	AP	CR	CTP	NF	DC	TRC
Témoignage	13,5 c	10,2 b	23,3 c	4,0 b	0,3 a	29,7 b
2 ml/L	13,8 c	10,7 b	24,5 c	5,5 a	0,3 a	30,8 b
4 ml/L	15,1 b	11,0 b	26,1 b	5,8 a	0,4 a	30,9 b
6 ml/L	16,9 a	12,8 a	29,7 a	6,1 a	0,4 a	33,8 a
8 ml/L	15,2 b	12,5 a	27,7 b	5,9 a	0,4 a	33,4 a
CV % %.	6,9	10,5	7,3	7,9	4,2	8,6

Les moyennes suivies de la même lettre dans la colonne ne diffèrent pas selon le test de Tukey à un niveau de signification de 5 %.

Selon Rodrigues et al. (2015), ces biostimulants aident à augmenter l'absorption d'eau et de nutriments, en particulier pendant le processus de production des semis, favorisant ainsi une croissance accrue des racines. Les plus petites doses de biostimulant testées et le contrôle n'ont pas montré de différences significatives entre elles.

Pour la longueur totale de la plante, la dose maximale a montré les meilleurs résultats de croissance, démontrant un plus grand potentiel pour le développement de semis plus vigoureux grâce à l'utilisation du traitement des semences avec des éléments minéraux et l'application de biostimulant à 15 DAE.

Selon Hornke et al (2018), des doses plus élevées d'engrais foliaire et de biostimulant ont permis une meilleure croissance des plantules de courge soumises à un traitement au Biozyme, car le produit contient des macro et micronutriments, ainsi que des extraits de plantes hydrolysées dans sa composition, avec des concentrations élevées de cytokinine et de zéatine, stimulant principalement la croissance des racines.

Toutefois, les doses intermédiaires, de 4 et 6 ml/L, ont également favorisé le développement des plants de tomates, par rapport à ceux qui n'ont pas été complétés par le biostimulant, mettant en évidence l'interaction des nutriments avec l'absorption foliaire, qui peut se produire aussi efficacement que la supplémentation en engrais par l'application au sol.

Selon Pereira (2002), l'application d'engrais foliaires, en raison de la recherche de rendements élevés et d'une plus grande économie, les produits sont de plus en plus efficaces pour répondre aux besoins nutritionnels. Magalhães et Monnerat (1978) ont observé une augmentation de la production de masse sèche dans les racines et le développement de la partie aérienne des plantes lorsque les plantes étaient soumises à une fertilisation foliaire.

Pour la variable analysée du nombre de feuilles, le contrôle a obtenu la plus faible production de feuilles par rapport aux traitements dans lesquels les graines ont été traitées avec différentes doses de biostimulant, et les autres n'ont pas différé. Le développement de la partie aérienne peut être augmenté en réponse à des phytohormones liées à la division et à l'élongation des cellules, comme c'est le cas des gibbérellines (TAIZ ; ZEIGER, 2013).

Ces résultats peuvent s'expliquer par le fait que les engrais foliaires et les biostimulants fonctionnent comme des activateurs du métabolisme cellulaire de la plante, donnent de la vigueur au système immunitaire, réactivent les processus physiologiques à différents stades de développement (PETRI et al., 2016), stimulant ainsi la croissance des racines, la différenciation des bourgeons axillaires, induisant la formation de nouvelles pousses et feuilles.

Il n'y a pas eu d'interaction entre les traitements et les doses pour le diamètre des tiges, ce qui peut s'expliquer par la courte période de développement entre la levée et l'évaluation, car les tiges des plantes potagères présentent généralement une plus grande variation de leur développement après la transplantation des semis.

En ce qui concerne la teneur en chlorophylle, nous pouvons observer que les doses de 6m/L et 8m/L, se sont distinguées par rapport aux autres traitements évalués, présentant une teneur en chlorophylle plus élevée dans les feuilles. Ces résultats peuvent s'expliquer par le fait que les substances appliquées ont la fonctionnalité de modifier et d'augmenter les processus métaboliques et physiologiques en augmentant la division cellulaire et l'élongation des feuilles, ainsi que la synthèse de la chlorophylle, avec une action directe sur la photosynthèse, améliorant l'absorption des nutriments et influençant la productivité (SILVA et al., 2014).

Dans le traitement des graines de pastèque, Radke et al. (2017) ont observé que les engrais foliaires et les biostimulants contenant des acides aminés ont donné des résultats positifs dans le développement initial des plantules, cependant l'utilisation de biostimulants peut entraîner des résultats différents selon l'espèce utilisée et les conditions environnementales auxquelles les plantes sont soumises, en fonction de la température, des précipitations et de l'humidité relative.

Pour les plantes évaluées à 34 DAE, selon les résultats présentés (tableau 3), les doses les plus élevées de biostimulants ont permis un plus grand développement de la partie aérienne des plantes. Il convient de noter qu'à cette époque, les plants avaient déjà subi une seconde application foliaire du biostimulant, favorisant le développement aérien des plants de tomates.

Tableau 3- Hauteur de la plante (PA) cm, diamètre de la tige (CD) cm, nombre de feuilles (LE) n et teneur relative en chlorophylle (RCT) des plants de tomate (*Solanum lycopersicon* Mill.) à 34 jours après la levée en fonction de différentes doses d'engrais foliaire et de biostimulant.

Traitements	AP	DC	NF	TRC
Témoignage	18,9 b	0,6 a	6,9 c	36,2 b
2 ml/L	19,7 b	0,7 a	8,2 b	38,8 a
4 ml/L	21,4 a	0,7 a	8,5 b	38,8 a
6 ml/L	21,8 a	0,9 a	10,7 a	39,6 a
8 ml/L	21,6 a	0,8 a	10,1 a	39,1 a
CV % %.	8,3	5,7	9,5	11,9

Les moyennes suivies de la même lettre dans la colonne ne diffèrent pas selon le test de Tukey à un niveau de signification de 5 %.

Selon les résultats présentés, pour le diamètre de la tige, il n'y avait pas de différences significatives entre les traitements testés, avec des variations entre 0,6 et 0,9 cm. Pour le nombre variable de feuilles, on a constaté une plus grande surface foliaire aux doses de 6 et 8m/L en fonction de l'augmentation du nombre de feuilles par rapport au traitement témoin. Compte tenu de la plus grande hauteur de la plante, on peut estimer qu'elles ont également une plus grande masse fraîche de la partie aérienne, par conséquent avec plus de feuilles.

Pour la teneur relative en chlorophylle, toutes les doses d'engrais foliaires et de biostimulants étaient supérieures à celles du témoin, avec des niveaux de chlorophylle plus élevés. La plus grande quantité de chlorophylle dans les plantes peut indiquer une plus grande accumulation d'azote dans les tissus des cellules, contribuant à la réduction de l'évapotranspiration, ce qui augmente le développement de la plante (ARGENTA et al., 2001).

D'après les résultats observés, il est possible de vérifier l'effet dose-réponse, dans lequel à mesure que la dose utilisée augmente, il y a une augmentation de la croissance de la hauteur des plantes, en raison des concentrations plus élevées d'engrais utilisés dans la supplémentation des plants de tomates.

Ainsi, l'effet de cause et de dépendance peut également être corrélé avec la concentration plus élevée de chlorophylle dans les traitements avec les doses les plus élevées d'engrais foliaire et de biostimulant, un facteur dû à la plus grande disponibilité de nutriments tels que l'azote, qui favorisent l'absorption de l'énergie lumineuse et l'accumulation de photo-assimilats dans les feuilles avec des niveaux plus élevés de chlorophylle (VENDRUSCULO et al., 2017).

Selon Petri et al. (2016), les engrais foliaires et les biostimulants peuvent augmenter le développement aérien des plantes, la production et la résistance aux stress causés par la température et le déficit hydrique, en corrélation avec la teneur plus élevée en chlorophylle présente dans les feuilles. Par rapport à Silva (2014), pour les variables hauteur de la plante, nombre de feuilles, diamètre de la tige, longueur de la plus grande racine et volume des racines, il y a eu une interaction entre les biostimulants et les facteurs évalués.

Dans ce contexte, on peut observer que l'utilisation de produits à base de biostimulants contenant des macro- et micronutriments peut entraîner une augmentation de la croissance des plantes, tant en ce qui concerne la longueur des racines, la surface du sol que le développement des plantes.

Conclusion

Cette étude a montré que l'utilisation d'engrais foliaire et de biostimulant favorisait un plus grand développement végétatif des plants de tomates.

Les doses de 6 et 8 ml/L d'engrais foliaire et de biostimulant ont permis la plus grande croissance de la partie aérienne, du système racinaire, une plus grande accumulation de chlorophylle et un plus grand nombre de feuilles chez les plants de tomates.

Références

ALBUQUERQUE, T. C. S. et al. Reguladores de crescimento vegetal na concentração de macronutrientes em videira itália. **Bragantia,** Campinas, v. 67, n. 3, p. 553-561, 2008.

ALVARENGA, M. A. R. Tomate : produção em campo, em casa de vegetação e em hidropônia. Lavras : UFLA, 2004, p. 391.

ALMEIDA, G. ; M. et al. Développement des plantes par l'interférence des auxines, des cytokinines, de l'éthylène et des gibbérylines. **Journal brésilien de technologie appliquée aux sciences agricoles**, Guarapuava, v. 9, n. 3, p. 111-117, 2016.

AQUINO, H. F. **Caracterização morfológica, agronômica e divergência genética de acessos de pimenta.** 2016. 91 f. Thèse (Master en agronomie), Universidade Federal Rural de Pernambuco, Recife, 2016.

ARYSTA LIVE SCIENCE DO BRASIL. Biozyme. Disponible à l'adresse suivante : https://www.upl-ltd.com/br/defensivos-agricolas/tratamento-de-sementes/biozyme.   Accès le : 02 juil. 2020.

BASTOS, A. R. R. et al. **Nutrição mineral e adubação do tomate**. 2. éd. Lavras : Editora Universitária. 2013. 130 p.

BECKER. W. F. et al. **Integrated production system for tutored tomato.** Florianópolis : Epagri, 2016. 149 p.

BINSFELD, J. A. et al. Uso de bioativador, bioestimulante e complexo de nutrientes em sementes de soja. **Pesquisa Agropecuária Tropical**, Brasília, v. 1, n. 1, p. 88-94, 2014.

BOARETTO, A. E. et al. **Foliar fertilization**. Campinas : Fondation Cargill, v. 2, 1989. 652 p.

BOURSCHEIDT, C. E. Bioestimulante e seus efeitos agronômicos na cultura da soja (*Glycine max*). **Pesquisa Agronômica Brasileira,** Ijuí, v. 28, p. 201-217, 2011.

ENTREPRISE NATIONALE D'APPROVISIONNEMENT. CONAB. Compêndio de Estudos Conab, v. 1, Brasília : Conab, 2019. 22 p.

CARVALHO, N. M. ; NAKAGAWA, J. **Sementes : ciência, tecnologia e produção**. 4ª ed. Jaboticabal : Funep. 2000. 588 p.

DABADIA, A. C. A. Uso de bioestimulante na assimilação do nitrato e nos caracteres agronômicos em feijoeiro. **Cultura Agronômica**, Ilha Solteira, v. 24, n. 4, p. 321-332, 2015.

DANTAS, A. C. V. L. et al. Effet de l'acide gibbérellique et du bioestimulant Stimulate® sur la croissance initiale de la thamarine. **Revista Brasileira de Fruticultura,** Jaboticabal, v. 34, n. 1, p. 08-14, 2012.

DOSSA, D. ; FUCHS, F. Tomate : analyse technique et économique et principaux indicateurs de production sur les marchés mondial, brésilien et du Paraná. Boletim Técnico 03 Tomate, Curitiba, août 2017. Disponible à l'adresse suivante :

http://www.ceasa.pr.gov.br/arquivos/File/BOLETIM/Boletim_Tecnico_Tomate1.pdf. Accès le : 05 août 2020.

DOURADO NETO, D. et al. Aplicação e influência do fitorregulador no crescimento das plantas de milho. **Revista da Faculdade de Zootecnia, Veterinária e Agronomia**, São Carlos, v. 11, p. 93-102, 2004.

EMPRESA BRASILEIRA DE PESQUISA AGROPECUÁRIA. EMBRAPA. **Cultivo de tomate para industrialização**. Brasília : EMBRAPA, v. 1, 2003. 13 p. (Circulaire technique)

EMPRESA BRASILEIRA DE PESQUISA AGROPECUÁRIA. EMBRAPA. **Cultivo de Tomate.** Brasília : EMBRAPA, v. 3, 2010. 28 p. (Circulaire technique)

FAOSTAT. FAO. Production de tomates. 2018. Disponible à l'adresse suivante : http://www.fao.org/faostat/en/#home. Accès le : 10 août 2020.

FAYAD, J. A. et al. Absorption des nutriments par la tomate cultivée dans des conditions de champ et d'environnement protégé. Revista Horticultura Brasileira, Brasília, v. 20, p. 90-94, 2002.

FILGUEIRA, F. A. R. **Novo Manual de Olericultura : agrotecnologia moderna na produção e comercialização de hortaliças**. Lavras : Editora UFLA, 2008. 333 p.

FERREIRA, A. G., BORGHETTI, F. **Germinação : do básico ao aplicado**. Porto Alegre : Artimed. 2004. 323 p.

FERREIRA, M. M. M. et al. Eficiência da adubação nitrogenada do tomatoiro em duas épocas de cultivo. **Revista Ceres**, Viçosa, v. 57, n. 2, p. 263-273, 2010.

FERREIRA, D. F. Sisvar : un système d'analyse statistique informatique. **Ciência e Agrotecnologia,** Lavras, v. 35, n. 6, p. 1039-1042, 2011

GENUNCIO, G. C. et al. Produção de cultivares de tomateiro em hidroponia e fertirrigação sob razões de nitrogen e potássio. **Horticultura Brasileira,** Brasília, v. 28, p. 446-452, 2010.

GUIMARÃES, M. A. et al. Produtividade e sabor dos frutos de tomate do grupo salada em função de podas. **Bioscience Journal**, Uberlândia, v. 24, n. 1, p. 32-38, 2008.

HARTMANN, H. T. et al. **Plant propagation : principles and practices**. 7. éd. New Jersey : Prentice Hall, 2002. 880 p.

HORNKE, N. F. et al. Utilisation d'engrais foliaire dans la performance physiologique des graines de potiron Moranga. **Tecnologia e Ciência Agropecuária**, São Paulo, v. 12, n. 3, p. 31-35, 2018.

HUBER, D. M. Le rôle de la nutrition minérale dans la défense. **Academic Press**, New York, v. 5, p.381-406,1980.

INSTITUT BRÉSILIEN DE GÉOGRAPHIE ET DE STATISTIQUE. IBGE. Production agricole brésilienne 2019. Brasília : IBGE, 2019. Disponible à l'adresse suivante : htttps://sidra.ibge.gov.br/tabela/5457. Accès le : 18 juillet 2020.

KANAI, S. et al. La dépression de l'activité des puits précède l'inhibition de la production de biomasse dans les plants de tomates soumis à un stress de carence en potassium. **Journal of Experimental Botany,** Amsterdan, v. 58, p. 2917-2928, 2007.

LIMA, A. A. et al. Foliar concentration of nutrients and productivity of tomato cultivated under different substrates and doses of humic acids. **Revista Horticultura Brasileira,** Brasília, v. 29, p. 63-69, 2011.

MATOS, E. S. ; SHIRAHIGE, F. H. ; MELO, P. C. T. Desempenho de híbridos de tomate de crescimento indeterminado em função de sistemas de condução de planta. **Revista Horticultura Brasileira,** Brasília, v. 30, n. 2, p. 240-245, 2012.

MACHADO, A. Q. et al. Produção de tomate italiano (saladete) sob diferentes densidades de plantio e sistemas de poda visando ao consumo *in natura.* **Revista Horticultura Brasileira,** Brasília, v. 25, p. 149-153, 2007.

MAGALHÃES, J. R. ; MONNERAT, P. H. Aplicação foliar de boron na prevenção de deficiência e na composição mineral do tomateiro. **Pesquisa Agropecuária Brasileira,** Brasília, v. 13, p. 73-80, 1978

MALAVOLTA, E. **Nutrição mineral de plantas**. São Paulo : Ed. Agr. Ceres. 2006. 631 p.

MARSCHNER, H. **Mineral nutrition of higher plants**. Londres : Academic Press, 1995.

MARTINS, G. Cultivo em ambiente protegido. Viçosa : UFV, 2000. 148 p.

MELO, P.C.T. et al. Performance des cultivars de tomates dans le système biologique sous culture protégée. **Revista Horticultura Brasileira,** Brasília, v. 27, p. 553-559, 2009.

MELLO, S. C. ; C. VITTI, G. C. Desenvolvimento do tomateiro e modificações nas propriedades químicas do solo em função da aplicação de resíduos orgânicos, sob cultivo protegido. **Revista de Horticultura Brasileira,** Brasília, v. 20, n. 2, p. 275-284, 2009.

MELO, L. D. F. A. et al. Action des phytorégulateurs dans la culture des haricots (*Phaseolus vulgaris L.*), du tournesol (*Helianthus annuus L.*) et du maïs (*Zea mays L.*). **Educação Ambiental em Ação**, Rio Largo, v. 56, n. 15, p.1-5, 2016.

MELO, A. et al. Solanaceae in organic system in Brazil : tomato, potato and physalis. **Scientia Agropecuária**, Campinas, v. 8, n. 3, p. 279-290, 2017.

MOGOR, A. F. et al. Chlorophyll content in tomato cultivars submitted to foliar applications of magnesium. **Pesquisa Agropecuária Tropical,** Goiânia, v. 43, n. 4, p. 363-369, 2013.

MORITZ, B. ; TRAMONTE, V. L. C. Biodisponibilité du lycopène. **Revista Nutrição**, Campinas, v. 19, n. 2, p. 265-273, 2006.

MUELLER, S. Modos de aplicação de fósforo para duas cultivares de tomato. **Revista Horticultura Brasileira,** Brasília, v. 33, p. 356-361, 2015.

NAIKA, S. **A cultura do tomate** : produção, processamento e comercialização. v. 1, 2005. 105 p.

NAVARRETE, M. ; JEANNEQUIN, B. Effet de la fréquence de la taille des bourgeons axillaires sur la croissance végétative et le rendement en fruits des cultures de tomates en serre. **Scientia Horticulturae**, Amsterdam, v. 86, n. 3, p.197-210, 2000.

OLIVEIRA, R. H. Caracterização de sintomas visuais de deficiência de micronutrientes em tomatoiro do grupo salada. **Semina,** Londrina, v. 30, v. 11, p. 1093-1100, 2006.

PERALTA, I. E. et al. Taxonomie des tomates sauvages et de leurs parents (*Solanum lycopersicon-Solanaceae*). **Systematic Botany Monographs,** Cuyo, v. 84, n. 2, 2008.

PETRI, J. L et al. **Régulateurs de croissance pour les arbres fruitiers de climat tempéré**. Epagri, 2016, 141 p.

RADKE, A. K. et al. Acides aminés via le traitement des graines : réflexes sur la vigueur des graines de pastèque. **Tecnologia & Ciência Agropecuária, Brasília**, v. 11, p. 113-117, 2017.

REIS, L. S. et al. Evapotranspiration et coefficient de culture de la tomate kaki cultivée en milieu protégé. **Revista Brasileira de Engenharia Agrícola e Ambiental,** Campina Grande, v. 13, p. 289-296, 2009.

RODRIGUES, D. S. et al. Quantité absorbée et concentrations de micronutriments dans les plants de tomates en culture protégée. **Scientia Agricola**, Botucatu, v. 59, n. 1, p. 137-144, 2002.

SHAMI, N. J. I. E. ; MOREIRA, E. A. M. Licopene as an antioxidant agent. **Revista Nutrição,** Campinas, v. 17, n. 2, 2004

SILVA, J. V. Aproveitamento de materiais alternativos na produção de mudas de tomateiro sob adubação foliar. **Revista Ciência Agronômica,** Campinas, v. 45, n. 3, p. 528-536, 2014.

SILVA, F. C. **Manual de análises químicas de solos, plantas e fertilizantes.** 2. ed. Brasília : Embrapa Informação Tecnológica, 2009. 627 p.

TAIZ, L. ; ZEIGER, E. Physiologie végétale. 5.ed. Porto Alegre : Artmed, 2013. 954 p.

VENDRUSCOLO, E. P. et al. Changements physico-chimiques dans les fruits du melon dentelé sous l'application d'un biostimulant. **Revista Colombiana de Ciencias hortícolas**, Tunja Boyacá, v. 11, n. 2, p. 459-463, 2017.

Chapitre 3

ENGRAIS FOLIAIRE ET BIOSTIMULANT DANS LES PLANTS DE POIVRONS

Daiane Corrêa, Camila Penteado Zenaro et Suelen Cristina Uber

Introduction

Le poivron italien (*Capsicum annuum*), qui appartient à la famille des Solanacées, présente une bonne appréciation régionale, étant une plante de culture facile, qui peut être consommée de plusieurs manières, présentant différentes tailles, formes, couleurs et avec différents niveaux de piquant (MESQUITA et al., 2016). Ce sont des aliments d'usage très divers qui peuvent être présents tous les jours sur la table brésilienne, car on peut la trouver en conserve ou *fraîche,* elle est largement consommée dans les aliments typiques de chaque région, et peut également être utilisée dans des plats à but décoratif, en plus d'être considérée comme une grande plante aux principes médicinaux et pharmacologiques.

Au Brésil, la production de piments a pris de l'ampleur ces dernières années, déplaçant le marché de plus de 100 millions de reais par an, étant principalement cultivée dans des régions au climat subtropical, ainsi qu'elle s'est adaptée à des environnements plus chauds, tels que le climat tropical, obtenant de grandes caractéristiques productives. Parmi les États brésiliens qui se distinguent comme les plus grands producteurs figurent Minas Gerais, Goiás, São Paulo, Rio Grande do Sul et Ceará (BARBOSA et al., 2002).

En outre, la culture du piment revêt une grande importance socio-économique en raison de sa capacité à générer des revenus et à favoriser le développement social, en particulier chez les agriculteurs familiaux, qui sont responsables de la majeure partie de sa culture. Le pays a une superficie de 5 000 hectares de production et sa productivité varie selon le cultivar utilisé, entre 10 et 30 tonnes par hectare (VIEIRA ; CASTRO, 2004).

Le poivrier est de plus en plus apprécié dans l'industrie agroalimentaire, principalement parce qu'il est cultivé dans presque toutes les régions du Brésil. La production de plants est donc une phase cruciale pour avoir une production satisfaisante. La culture du poivrier dans les régions tropicales augmente progressivement, notamment avec l'établissement de zones de culture dans des environnements protégés ; cependant, on manque d'informations sur le développement du poivrier dans ces conditions.

La qualité physiologique des semences est l'un des principaux facteurs qui déterminent le potentiel expressif de la germination et de la levée, la qualité et la productivité de presque toutes les cultures. Parmi les facteurs qui interfèrent dans la germination des graines, la limitation de la levée et du développement initial des semis est la température, trop basse ou trop élevée pendant le processus de germination (AMARO et al., 2015).

Il existe des engrais foliaires et des biostimulants, ainsi que des régulateurs de plantes qui peuvent être utilisés pour stimuler la parthénocarpie et contribuer à améliorer le développement des semis, visant à obtenir une meilleure uniformité des plantes à transplanter, comme les gibbérellines, les auxines, les cytokinines et les composés minéraux (CANO-MEDRANO ; DARNELL, 1997).

Les engrais foliaires et les biostimulants, qui peuvent être classés dans le groupe des régulateurs de croissance ou parmi les engrais foliaires, ont été mis en œuvre dans différentes cultures agricoles, tant dans le traitement des semences que dans les pulvérisations aériennes, par l'ajout de différents composés contenant des macro- et des micronutriments. Certaines études ont démontré leur efficacité en présentant une action similaire à celle des hormones végétales qui sont déjà présentes sur le marché (COSTA et al., 2017), dans le but d'améliorer le développement des plantes en agriculture (PETRI et al., 2016).

Ainsi, les engrais foliaires et les biostimulants apparaissent comme une alternative pour promouvoir la culture du poivre dans les régions où les températures sont plus élevées, avec une utilisation potentielle depuis le traitement des semences pour la production de plants jusqu'à la période de floraison des plantes, par application foliaire.

Dans ce contexte, l'objectif de ce travail était d'évaluer l'effet du traitement des semences de poivrons italiens avec un engrais foliaire et un biostimulant sur la production de plants.

Matériel et méthodes

L'expérience a été menée à l'Université d'État du Mato Grosso (UNEMAT), Campus universitaire de l'Alta Floresta-MT *campus* 2 (9°53'49.1" S 56°05'37.1" O) dans la période de novembre à décembre 2020.

Les plantes ont été conduites pendant la période de germination, d'émergence et de développement initial dans une serre avec une température moyenne de 28º C et une irrigation quotidienne.

Le climat de la région est de type Am, selon la classification Koppen, étant tropical pluvieux, atteignant un indice de précipitation élevé en été, qui peut atteindre des valeurs supérieures à 2 500 mm, et un hiver sec, avec des températures élevées. La température annuelle moyenne est d'environ 25 °C (OLIVEIRA, 2006).

Le plan d'expérience était entièrement randomisé (DIC), avec 5 traitements avec des doses croissantes d'engrais foliaire et de biostimulant. Pour la production de semis, cinq répétitions ont été adoptées avec 10 unités expérimentales, soit un total de 50 semis par traitement.

Les traitements étaient composés de différentes doses d'engrais foliaire et de biostimulant (Biozyme), 2 ml, 4 ml, 8 ml, 16 ml et le contrôle (0 ml), composé uniquement d'eau. Chaque dose de biostimulant a été mesurée à l'aide d'une seringue et insérée dans un bécher contenant 200 ml d'eau.

Tableau 1 - Composition chimique avec les éléments minéraux hydrosolubles, les constituants de l'engrais foliaire et le biostimulant utilisés dans l'expérience.

Composition	% p/p	w/v (g/L)
Azote	1,00	18
Potassium	5,00	60
Bore	0,08	0,96
Fer	0,40	4,8
Manganèse	1,00	12
Soufre	1,00	12
Zinc	2,00	24
Carbone organique	3,50	42

Source : Arysta Life Science (2020).

Les graines de poivron doux, cultivar italiana, achetées commercialement dans la municipalité d'Alta Floresta - MT, ont été immergées dans la solution composée de chaque traitement, contenant les différentes doses pendant 3 minutes.

Après cette période, ils ont été semés dans des plateaux en polyéthylène à 200 cellules, avec 2 graines allouées dans chaque cellule, qui contenaient un substrat commercial Carolina Soil, composé de tourbe de sphaigne, de perlite expansée, de vermiculite expansée, de balle de riz grillée et de calcaire. Les semis ont été éclaircis 5 jours après la levée (DAE).

Les variables analysées à 20 et 35 DAE, étaient la hauteur de la plante (PA) cm, la longueur des racines (RC) cm, la longueur totale de la plante (CTP) cm, le diamètre de la tige (CD) cm, le pourcentage relatif de chlorophylle (TRC) % et le nombre de feuilles (NF) n. dans 10 plantes, choisies au hasard dans chaque traitement, étant les plantes rejetées en raison d'évaluations avec des échantillons destructifs.

La hauteur de la plante a été mesurée en estimant la hauteur du collier (cm) jusqu'à son extrémité supérieure, à l'aide d'une règle millimétrique.

La longueur des racines (cm) a été estimée sur les plantes à l'aide d'une règle millimétrique, de la base du collier à l'extrémité de la plus grosse racine, après que les racines aient été lavées dans l'eau avec une agitation constante pour enlever le substrat qui s'est accumulé dans le système racinaire. Avec les données sur la hauteur des plantes et la longueur des racines, la longueur totale de la plante (TPC) a été estimée en additionnant les résultats obtenus dans les évaluations PA et CR. Le diamètre de la tige a été exprimé à l'aide d'un pachymètre numérique en (mm), qui a été inséré dans la tige de la plante à 5 mm au-dessus de la surface du substrat.

Le nombre de feuilles a été estimé par comptage numérique (n.) de toutes les feuilles présentes sur la plante. La teneur relative en chlorophylle (TRC) a été déterminée par des relevés effectués avec un chlorophyllemètre Minolta SPAD-502 (%) dans la partie médiane de la feuille sur 10 feuilles par réplique. Les données obtenues à partir des variables ont été soumises à une analyse de variance et les moyennes ont été comparées par le test de Tukey à une probabilité de 5% en utilisant le logiciel statistique SAS.

Résultats et discussion

Pour les variables de hauteur de la plante, de croissance des racines et de croissance totale de la plante, on peut observer que les meilleurs résultats de développement ont été obtenus avec l'application de différentes doses d'engrais foliaire et de biostimulant (tableau 2). Cependant, les doses appliquées n'ont pas montré de différences significatives entre elles, ne différant que du contrôle. Cela peut s'expliquer par le fait que les éléments nutritifs présents dans l'engrais foliaire et le biostimulant contribuent au meilleur développement initial de la plante, augmentant ainsi les résultats obtenus.

Tableau 2- Hauteur de la plante (PA) cm, longueur des racines (RC) cm, longueur totale de la plante (TPC) cm, diamètre de la tige (CD) mm, nombre de feuilles (LE) n et teneur relative en chlorophylle (RCT) des plants de poivron (*Capsicum annuum*) à 20 jours après l'émergence en fonction de différentes doses d'engrais foliaire et de biostimulant.

Traitements	AP	CR	CTP	DC	NF	TRC
Témoignage	3,0 b	3,5 b	6,5 b	1,0 a	2,0 a	27,0 a
2 ml/L	5,1 a	5,4 a	10,5 a	1,0 a	2,0 a	30,4 a
4 ml/L	5,9 a	6,2 a	12,1 a	1,0 a	2,1 a	31,1 a
8 ml/L	5,6 a	5,9 a	11,5 a	1,0 a	2,1 a	30,7 a
16 ml/L	4,8 a	5,6 a	10,4 a	1,0 a	2,1 a	30,5 a
CV % %.	10,8	13,7	14,1	10,3	9,8	12,9

Les moyennes suivies de la même lettre dans la colonne ne diffèrent pas selon le test de Tukey à un niveau de signification de 5 %.

Hornke et al. (2018), peuvent observer que les doses les plus élevées de biostimulant, peuvent assurer la croissance des plants de citrouille soumis au traitement des graines de citrouille avec Biozyme. Où les macro et micronutriments et les extraits de plantes hydrolysées dans sa composition, avec de fortes concentrations de cytokinine et de zéatine, ont principalement stimulé la croissance des racines, liée à un développement accru de la partie aérienne de la plante.

Polacinski (2020) a constaté que les doses de 4 et 8 ml/L d'engrais foliaire et de biostimulant, appliquées à la tomate (*Solanum lycopersicum* L.), ne présentaient pas de différence significative les unes par rapport aux autres, mais montraient des résultats supérieurs aux autres doses appliquées dans son étude.

Selon Rodrigues et al. (2015), les engrais foliaires et les biostimulants contribuent à une meilleure absorption de l'eau et des nutriments par les plantes, en particulier pendant le processus de production des semis, favorisant ainsi une croissance accrue des racines.

Radke et al. (2017), en traitant des graines de pastèque, ont observé que les biostimulants plus les acides aminés ont montré des résultats positifs dans le développement initial des semis. Cependant, l'utilisation d'engrais foliaires et de biostimulants peut donner des résultats différents selon les espèces utilisées et les conditions environnementales auxquelles les plantes sont soumises, en fonction de la température, des précipitations et de l'humidité relative.

Pour le diamètre variable de la tige (CD), le nombre de feuilles (LE) et la teneur relative en chlorophylle (RCT), les doses appliquées n'ont pas montré de différences significatives entre les traitements. Comme les plantes étaient encore à 20 DAE, c'est-à-dire très jeunes, elles peuvent, au fil des jours, présenter une croissance accrue et donc améliorer les indices relatifs au diamètre de leur tige et au nombre de feuilles.

Grâce au taux de croissance initial élevé des plantes et au fait que la majeure partie de la surface foliaire de la plante est constituée de jeunes feuilles, avec des périodes de développement plus longues, contenant une forte capacité photosynthétique, le CRT a le potentiel d'augmenter sa production (AUMONDE et al., 2011). En corrélation avec cela, la teneur en chlorophylle de la plante au fil des jours aura la plus grande accumulation de photo-assimilats, contribuant à l'augmentation du nombre de feuilles et du diamètre de la tige.

Polacinski (2020) décrit que pour la variable du diamètre de la tige, il n'y a pas eu d'augmentation du développement, selon les résultats présentés entre les traitements avec les différentes doses évaluées, un fait qui peut être justifié en raison de la courte période de développement entre l'émergence et la fin de l'évaluation.

Le tableau 3 montre que pour les variables hauteur de la plante (PA), longueur des racines (RC) et longueur totale de la plante (CTP), les résultats sont les mêmes, mais le traitement témoin a obtenu les mesures les plus faibles par rapport aux autres traitements.

Tableau 3- Hauteur de la plante (PA) cm, longueur des racines (RC) cm, longueur totale de la plante (TPC) cm, diamètre de la tige (CD) mm, nombre de feuilles (LE) n et teneur relative en chlorophylle (RCT) des plants de poivron (*Capsicum annuum*) à 35 jours après l'émergence en fonction de différentes doses d'engrais foliaire et de biostimulant.

Traitements	AP	CR	CTP	DC	NF	TRC
Témoignage	6,3 b	5,9 b	12,2 b	2,0 a	6,3 a	29,3 b
2 ml/L	8,4 a	7,8 a	16,2 a	2,3 a	6,3 a	32,1 a
4 ml/L	9,3 a	8,4 a	17,7 a	2,6 a	6,4 a	32,6 a
8 ml/L	8,5 a	8,7 a	17,2 a	2,4 a	6,5 a	32,5 a
16 ml/L	6,9 b	6,4 b	13,3 b	2,2 a	7,0 a	32,9 a
CV % %.	14,5	12,1	13,9	7,3	11,8	9,4

Les moyennes suivies de la même lettre dans la colonne ne diffèrent pas selon le test de Tukey à un niveau de signification de 5 %.

À la dose de 16 ml/L, les moyennes ont été inférieures aux autres doses avec l'application d'engrais foliaire et de biostimulant, et on peut observer que cette dose peut se comporter comme une dose limite à la capacité d'absorption de la plante, puisque la plante a déjà absorbé ce qui est nécessaire pour se maintenir et n'utilise ni ne stocke le reste, donc, elle peut contribuer à interférer négativement avec le développement de la plante, tant dans sa croissance racinaire que dans son diamètre. Les variables diamètre de la tige (CD), nombre de feuilles (LE) et teneur relative en chlorophylle, n'ont pas montré de différences significatives entre elles, même à 35 DAP les plantes n'ont montré aucune amélioration de développement par rapport à 20 DAP. Cependant, la différence est présente à 35 DAP lorsque l'on observe la pertinence lors de l'application de biofertilisants, où l'on observe une légère augmentation du développement des plantes. Corroborant les résultats obtenus dans cette étude, Argenta et al. (2001) ont obtenu le même résultat, en observant que les teneurs relatives en chlorophylle pour toutes les doses d'engrais foliaires et de biostimulants étaient supérieures à celles du témoin. Ces résultats peuvent s'expliquer par le fait que les substances appliquées à la plante ont des fonctions qui contribuent à la modification et à l'augmentation des processus métaboliques et physiologiques, en augmentant la division cellulaire et l'allongement des feuilles, ainsi qu'une plus grande synthèse de la chlorophylle, avec une action directe sur la photosynthèse, améliorant l'absorption des nutriments et influençant la productivité et le développement de la plante (SILVA et al., 2014).Selon Pereira (2002), avec l'application d'engrais foliaires, la recherche de rendements élevés et d'une plus grande économie, les produits sont de plus en plus efficaces pour répondre aux besoins nutritionnels des plantes afin d'obtenir de meilleurs rendements.Ainsi, les résultats acquis avec l'utilisation des biofertilisants sont dus à leur fonctionnement, contribuant comme activateurs enzymatiques des métabolites secondaires des plantes, donnant de la vigueur et agissant à différents stades de développement (PETRI et al., 2016), stimulant ainsi la croissance des racines, le diamètre des tiges, le nombre de feuilles et la teneur en chlorophylle des plantes, augmentant leur rendement productif et économique pour le producteur.

Conclusion

Cependant, on peut conclure que le traitement des graines de poivrons italiens avec un engrais foliaire et un biostimulant, présente des effets bénéfiques, améliorant le développement des plantes pendant la production des semis.Les doses de 2, 4 et 8 ml/L d'engrais foliaire et de biostimulant ont montré une meilleure réponse dans la croissance des plants de poivrons.

Références

ABREU, L. F. et al. Efeito da secagem sobre as propriedades antioxidantes de pimentas vermelhas *Capsicum annuum* var. annuum. Dans : Embrapa Amazônia Oriental-Article dans les annales du congrès (ALICE). Dans : CONGRESSO BRASILEIRO DE CIÊNCIA E TECNOLOGIA DE ALIMENTOS, 25. 2016, Gramado. **Les annales...** Gramado : SBCTA régionale, 2016.

ABUD, H. F. et al. Qualité physiologique des graines de poivrons malagueta et biquinho pendant l'ontogenèse. **Pesquisa Agropecuária Brasileira,** Brasília, v. 48, n. 12, p. 1546-1553, 2013.

ALBUQUERQUE, T. C. S. et al. Reguladores de crescimento vegetal na concentração de macronutrientes em videira itália. **Bragantia,** Campinas, v. 67, n. 3, p. 553-561, 2008.

ALMEIDA, G. ; M. et al. Développement des plantes par l'interférence des auxines, des cytokinines, de l'éthylène et des gibbérylines. **Journal brésilien de technologie appliquée aux sciences agricoles**, Guarapuava, v. 9, n. 3, p. 111-117, 2016.

AMARO, G. B. et al. **Árvore do conhecimento :** Pimenta. 2012. Disponible à l'adresse suivante : <http://www.agencia.cnptia.embrapa.br/gestor/pimenta/ Abertura.html>. Consulté le : 1 NOV. 2020.

ARGENTA, G. et al. Relation entre la lecture du chlorophyllomètre et les teneurs en chlorophylle extractible et en azote des feuilles de maïs. **Revista Brasileira de Fisiologia Vegetal**, v. 13, n. 2, p. 158-167, 2001.

AUMONDE, T. Z. et al. Analyse de la croissance du mini-melon hybride Smile® greffé et non greffé. **Interciencia**, Rio Verde, v. 36, n. 9, p. 677-681, 2011.

BARBOSA, R. I. Pimentas do gênero capsicum cultivadas em Roraima, Amazônia Brasileira. Espèces domestiquées. **Acta Amazônica,** Belém, v. 3, n. 2, p. 177-132, 2002.

BIANCHETTI, L. B. Aspectos morfológicos, ecológicos e biogeográficos de 10 táxons de *Capsicum* (Solanaceae) ocorrentes no Brasil. **Acta Botânica Brasílica**, Brasília, v. 10, n. 2, p. 393-394, 1996.

BINSFELD, J. A. et al. Uso de bioativador, bioestimulante e complexo de nutrientes em sementes de soja. **Pesquisa Agropecuária Tropical,** Brasília, v. 1, n. 1, p. 88-94, 2014.

BOURSCHEIDT, C. E. Bioestimulante e seus efeitos agronômicos na cultura da soja (*Glycine max*). **Pesquisa Agronômica Brasileira,** Ijuí, v. 28, p. 201-217, 2011.

BOSLAND, P. W. ; VOTAVA, E. J. **Peppers : Capsicums de légumes et d'épices**. 2. éd. Cambridge : CABI - Crop Production Science in Horticulture, 2012. 230p. (Série 22).

CARVALHO, S. I. C. ; BIANCHETTI L. ; BUSTAMANTE PG ; SILVA DB. Catálogo **de germoplasma de pimentas e pimentões (Capsicum spp) da Embrapa Hortaliças**. Brasília : Embrapa Hortaliças, 2003. 49 p. (Embrapa Hortaliças. Documents, 49).

ENTREPRISE NATIONALE D'APPROVISIONNEMENT. CONAB. Compêndio de Estudos Conab, v. 1, Brasília : Conab, 2019. 22 p.

COSTA, J. P. B. M. Qualidade de mudas de pimenta produzidas em vermiculita e submetidas ao estresse salino e bioestimulante. Conférence : IVe Rencontre internationale d'Inovagri, **Annales...** Amsterda, 2017.

DABADIA, A. C. A. Uso de bioestimulante na assimilação do nitrato e nos caracteres agronômicos em feijoeiro. **Cultura Agronômica**, Ilha Solteira, v. 24, n. 4, p. 321-332, 2015.

DANTAS, A. C. V. L. et al. Effet de l'acide gibbérellique et du bioestimulant Stimulate® sur la croissance initiale de la thamarine. **Revista Brasileira de Fruticultura,** Jaboticabal, v. 34, n. 1, p. 08-14, 2012.

DOURADO NETO, D. et al. Aplicação e influência do fitorregulador no crescimento das plantas de milho. **Revista da Faculdade de Zootecnia, Veterinária e Agronomia**, São Carlos, v. 11, p. 93-102, 2004.

EMPRESA BRASILEIRA DE PESQUISA AGROPECUÁRIA. EMBRAPA. **Cultivo de tomate para industrialização**. Brasília : EMBRAPA, v. 1, 2003. 13 p. (Circulaire technique)

EMPRESA BRASILEIRA DE PESQUISA AGROPECUÁRIA. EMBRAPA. **Cultivo de Tomate.** Brasília : EMBRAPA, v. 3, 2010. 28 p. (Circulaire technique)

FOROUHI, N. G. Consommation d'aliments épicés et mortalité : le piment est-il bon pour la santé ? **Journal Science,** Laedgaaard, v. 351, p. 41-48, 2015.

GENUNCIO, G. C. et al. Produção de cultivares de tomateiro em hidroponia e fertirrigação sob razões de nitrogen e potássio. **Horticultura Brasileira,** Brasília, v. 28, p. 446-452, 2010.

HOEHNE, F. C. ; Botânica e agricultura no Brasil no século XVI : pesquisas e contribuições. **Brasiliana**, 1937. 98 p.

HORNKE, N. F. et al. Utilisation d'engrais foliaire dans la performance physiologique des graines de potiron Moranga. **Tecnologia e Ciência Agropecuária,** São Paulo, v. 12, n. 3, p. 31-35, 2018.

INSTITUT BRÉSILIEN DE GÉOGRAPHIE ET DE STATISTIQUE. IBGE. Production agricole brésilienne 2019. Brasília : IBGE, 2019. Disponible à l'adresse suivante : https://sidra.ibge.gov.br/tabela/5457. Accès le : 18 juillet 2020.

LIMA, A. A. et al. Foliar concentration of nutrients and productivity of tomato cultivated under different substrates and doses of humic acids. **Revista Horticultura Brasileira,** Brasília, v. 29, p. 63-69, 2011.

LOPES, C. A. et al. ; **Poivre (*Capsicum* spp.).** 2007. EMBRAPA. Disponible à l'adresse suivante : <https://sistemasdeproducao.cnptia.embrapa.br/FontesHTML/Pimenta/Pimenta_capsicum _spp/index.html>. Accès le : 01 nov. 2020.

MAZUHOVITZ, S. C. ; C. VITTI, G. C. Desenvolvimento do tomateiro e modificações nas propriedades químicas do solo em função da aplicação de resíduos orgânicos, sob cultivo protegido. **Revista de Horticultura Brasileira,** Brasília, v. 20, n. 2, p. 275-284, 2009.

MELO, A. M. T. ; NASCIMENTO, W. M. ; FREITAS, R. A. Produção de sementes de pimenta. Dans : NASCIMENTO, W. M. **Produção de sementes de hortaliças**. Brasília : EMBRAPA, 2014. p. 169-197.

MOREIRA, G. R. et al. Espécies e variedades de pimenta. **Informe Agrocuário,** São Paulo, v. 27, p. 16-29. 2006.

MOREIRA, B. V. ; LEITE, M. S. Nova cultivar de Pimenta Cumari : caracterização de uma linhagem e solicitação de proteção de cultivar. 2014. 40 f. >Monographie (Diplôme d'agronomie) Institut fédéral du Minas Gerais, Bambuí, 2014.

ODESTO, J. C. ; RODRIGUES, J. D. ; PINHO, S. Z. Efeito do ácido giberélico sobre o comprimento e diâmetro do caule de plântulas de limão Cravo (*Citrus limonia* Osbeck). **Scientia Agrícola**, Piracicaba, v. 53, n. 2/3, p. 234-240, 1996.

OLIVEIRA, A. B. et al. *Capsicum* : pimentas et poivrons au Brésil. Brasília : EMBRAPA, 2000. 113p.

OLIVEIRA, R. H. Caracterização de sintomas visuais de deficiência de micronutrientes em tomatoiro do grupo salada. **Semina,** Londrina, v. 30, v. 11, p. 1093-1100, 2006.

PEREIRA, F. E. C. et al. Qualité physiologique des graines de poivre en fonction de l'âge et du temps de repos post-récolte des fruits. **Revista Ciência Agronômica,** Campinas, v. 45, n. 3, p. 737-744, 2014.

PETRI, J. L. et al. **Régulateurs de croissance pour les arbres fruitiers de climat tempéré**. Epagri, 2016, 141 p.

POLACINSKI, J. F. **Crescimento vegetativo de plantas de tomato em função da aplicação de bioestimulante**. 2020. 38 f. Monografia. (Diplôme d'agronomie). Universidade do estado do Mato Grosso, Alta Floresta, 2020.

POZZOBON, M. T. et al. Meiosis and pollen viability in advanced pepper strains. **Horticultura Brasileira**, Ilha Soleira, v. 8, p. 212-216, 2011.

PRECIADO, G. M. et al ; **The history of pepper.** 2010. Disponible à l'adresse suivante : <https://receitasmarinpreciado.wordpress.com/2010/11/12/a-historia-da-pimenta/>. Accès le : 09 nov. 2020.

RADKE, A. K. et al. Acides aminés via le traitement des graines : réflexes sur la vigueur des graines de pastèque. **Tecnologia & Ciência Agropecuária, Brasília**, v. 11, p. 113-117, 2017.

RIBEIRO, C. S. C ; HENZ, G. P.. (Eds.). Sistemas de Produção, 4 - 1ª Ed. 2007. 23 p.

RODRIGUES, C. et al. ; Étude de l'action anti-inflammatoire du poivre de Dédo-de-moça (*Capsicum baccatum* L.). **Saúde e Pesquisa,** Sete Lagoas, v. 5, n. 2, p. 89-96, 2012.

RODRIGUES, D. S. et al. Quantité absorbée et concentrations de micronutriments dans les plants de tomates en culture protégée. **Scientia Agricola**, Botucatu, v. 59, n. 1, p. 137-144, 2015.

RUFINO, J. L. S. ; PENTEADO, D. C. S. Importância econômica, perspectivas e potencialidades do mercado para pimenta. **Informe Agropecuário,** São Paulo, v. 27, n. 235, p.715. 2006.

SILVA, J. V. Aproveitamento de materiais alternativos na produção de mudas de tomateiro sob adubação foliar. **Revista Ciência Agronômica,** Campinas, v. 45, n. 3, p. 528-536, 2014.

TAIZ, L. ; ZEIGER, E. **Fisiologia vegetal**. 3. éd. Porto Alegre : Artmed, 2004. 719 p.

TAIZ, L. ; ZEIGER, E. **Physiologie végétale**. 5.ed. Porto Alegre : Artmed, 2013. 954 p.

VIDIGAL, D. D. S. ; DIAS, D. C. F. S. ; PINHO, E. V. D. R. V. ; DIAS, L. A. D. S. Modifications physiologiques et enzymatiques pendant la maturation des graines de poivre (*Capsicum annuum L.*). **Revista Brasileira de Sementes**, Brasília, v. 31, n. 2, p. 129-136, 2009.

VIEIRA, E. L. ; CASTRO, P. R. C. **Ação de bioestimulante na cultura da soja (*Glycine max* L. Merrill).** Cosmópolis : Stoller do Brasil. 2004. 47p.

WAGNER, A. et al. Ácido giberélico no crescimento inicial de mudas de pessegueiro. **Horticultura Brasileira**, Ilha Solteira, v.23, p. 235-243, 2007.

ZIMMER A. R et al ; Propriétés antioxydantes et anti-inflammatoires du Capsicum baccatum : de l'utilisation traditionnelle à l'approche scientifique. **Journal Ethnopharmacol**, Amsterda, v. 139, p. 228-233, 2012.

Chapitre 4

ENGRAIS FOLIAIRE ET BIOSTIMULANT DANS LES PLANTS DE POIVRONS

Daiane Corrêa, Lenon Kurek et Suelen Cristina Uber

Introduction

Le poivron (*Capsicum annuum* L.) est un légume de la famille des Solanacées, originaire des régions tropicales d'Amérique, notamment du Mexique, d'Amérique centrale et d'Amérique du Sud (MAROUELLI ; SILVA, 2014). Ce légume a une grande importance économique et une grande valeur nutritionnelle, car il est une source d'antioxydants naturels comme la vitamine C, les caroténoïdes et la vitamine E, en plus de contenir des vitamines du complexe B et de la vitamine A (REIFSCHNEIDER, 2000).

Au Brésil, le chili est un légume d'une grande importance économique, planté et consommé sur tout le territoire national. La superficie de plantation est estimée à 19 000 hectares, avec une production supérieure à 420 000 tonnes (FAO, 2017). Le poivre dans le classement des revenus des légumes figure en septième position, avec une valeur de 574 millions de R\$ (REVISTA RURAL, 2019).

La culture se développe dans des environnements dont la température peut atteindre 30ºC, ce qui favorise le meilleur développement de la plante, la floraison et la nouaison. Des températures très basses ou très élevées perturbent la germination et le développement des plantes de la levée à la floraison (MAROUELLI ; SILVA, 2014).

La production de semis a été considérée comme une activité primordiale pour la plupart des espèces, visant à obtenir une plus grande uniformité des plantes. Cependant, les plants de légumes ont été produits de plusieurs manières et la tendance actuelle est d'améliorer les moyens de production et d'améliorer leur qualité, notamment avec l'introduction de nouvelles techniques de gestion (ARAÚJO et al., 2000).

Les engrais foliaires et les biostimulants, qui sont des formulations pouvant contenir des composés minéraux et organiques, ainsi que l'ajout d'hormones végétales, favorisent et facilitent l'absorption des nutriments, contribuant ainsi à augmenter la croissance et la résistance au stress des plantes (VAN OOSTEN et al., 2017 ; POLACINSKI, 2020).

L'application d'engrais foliaires, de stimulants végétaux et/ou de régulateurs de croissance pour améliorer les normes de production et de productivité a donné des résultats prometteurs et significatifs, en particulier dans les régions où les cultures ont un niveau élevé de technologie et de gestion (VIEIRA ; CASTRO, 2004).

Ainsi, les engrais foliaires et les biostimulants apparaissent comme une alternative pour la production de plants, surtout dans les régions où les températures sont plus élevées, visant à standardiser les plantes dans ces environnements, afin d'assurer une meilleure croissance. Dans ce contexte, l'objectif de ce travail était d'évaluer l'effet de l'engrais foliaire et du biostimulant sur le développement des plants de poivrons.

Matériel et méthodes

L'expérience a été menée à l'Université d'État du Mato Grosso (UNEMAT), Campus universitaire de Alta Floresta-MT *Campus2* (9°53'49.1" S 56°05'37.1" O) dans la période de décembre 2020 à janvier 2021. Les plantes ont été conduites pendant la période de germination, d'émergence et de développement initial dans une serre avec une température moyenne de 27°C et une irrigation quotidienne. Le climat de la région est de type Am, selon la classification Koppen, étant tropical pluvieux, atteignant des valeurs supérieures à 2.500 mm en été, et un hiver sec, avec des températures principalement élevées. La température annuelle moyenne est d'environ 25 °C (OLIVEIRA, 2006). Le plan d'expérience était entièrement randomisé (DIC), avec 5 traitements avec des doses croissantes d'engrais foliaire et de biostimulant. Pour la production de semis, quatre répétitions avec 25 unités expérimentales ont été adoptées, soit un total de 100 plantes par traitement. Les traitements étaient composés de différentes doses d'engrais foliaire et de biostimulant (Biozyme), soit 2ml/L, 4ml/L, 6ml/L, 8ml/L et le contrôle (0ml/L), composé uniquement d'eau. Chaque dose d'engrais foliaire et de biostimulant a été ajustée à l'aide d'une seringue et insérée dans un bécher contenant 1 litre d'eau.

Tableau 1 - Composition chimique avec les éléments minéraux hydrosolubles, les constituants de l'engrais foliaire et le biostimulant utilisés dans l'expérience.

Composition	% p/p	w/v (g/L)
Azote	1,00	18
Potassium	5,00	60
Bore	0,08	0,96
Fer	0,40	4,8
Manganèse	1,00	12
Soufre	1,00	12
Zinc	2,00	24
Carbone organique	3,50	42

Source : Arysta Life Science (2020).

Les graines du poivron Yolo Wonder ont été achetées commercialement dans la ville d'Alta Floresta-MT et semées dans des plateaux en polyéthylène de 200 cellules, avec 2 graines allouées dans chaque cellule, qui contenaient un substrat commercial Carolina Soil, composé de tourbe de sphaigne, de perlite expansée, de vermiculite expansée, de balle de riz grillée et de calcaire. L'éclaircissage des semis est effectué 5 jours après la levée (DAE).

Pendant la croissance de la partie aérienne, deux applications d'engrais foliaire et de biostimulant ont été effectuées sans chaque traitement, avec des doses différentes, la première à 8 DAE et la seconde à 15DAE.

Les évaluations ont été faites à 15 et 22 jours après l'émergence. Les variables analysées étaient la hauteur de la plante (PA) cm, la longueur des racines (RC) cm, la longueur totale de la plante (TLC) cm, le diamètre de la tige (CD) cm, le pourcentage relatif de chlorophylle (RCT) et le nombre de feuilles (LE) n. dans 8 plantes, choisies au hasard à chaque répétition, les plantes étant rejetées en raison d'évaluations avec des échantillons destructifs.

La hauteur de la plante a été mesurée en obtenant la hauteur du collet de la plante (cm) à son extrémité, à l'aide d'une règle millimétrique.

La longueur des racines (cm) a été déterminée à l'aide d'une règle millimétrique de la base du collet à l'extrémité de la plus grosse racine après que les racines aient été lavées dans l'eau avec une agitation constante pour enlever le substrat qui s'est agrégé dans le système racinaire.

Avec les données sur la hauteur des plantes et la longueur des racines, la PCT a été estimée en additionnant les résultats obtenus dans les évaluations de la PA et de la CR.

Le diamètre de la tige a été évalué à l'aide d'un pachymètre numérique en (cm), qui est inséré dans la tige de la plante à 2 mm au-dessus de la surface du substrat.

Le nombre de feuilles est estimé par comptage numérique (n.) de toutes les feuilles présentes sur la plante. La teneur relative en chlorophylle a été déterminée en effectuant des relevés avec un chlorophyllemètre Minolta SPAD-502 (%) dans la partie centrale de la feuille sur quatre feuilles par échantillon.

Les données ont été soumises à une analyse de variance et les moyennes ont été comparées par le test de Tukey à une probabilité de 5% en utilisant le logiciel statistique SISVAR.

Résultats et discussion

Selon les variables analysées (tableau 2) dans la première évaluation, on peut noter un meilleur résultat dans les traitements avec des doses plus importantes, en particulier la dose de 8 ml/L, montrant un meilleur développement végétatif, différent des autres par rapport à la hauteur de la plante, avec 8,3 cm, la longueur totale de la plante, avec 15,2 cm, ayant également la meilleure teneur relative en chlorophylle 25,4, qui n'a pas montré de différences significatives par rapport au traitement avec 6ml/L par rapport au CRT qui a montré 25,1%.

Tableau 2- Hauteur de la plante (PA) cm, longueur des racines (RC) cm, longueur totale de la plante (TPC) cm, diamètre de la tige (CD) mm, nombre de feuilles (LE) et teneur relative en chlorophylle (RCT) chez les plants de poivrons (*Capsicum annuum* L.) à 15 jours après l'émergence en fonction de l'application d'engrais foliaire et de biostimulants.

Traitements	AP	CR	CTP	DC	NF	TRC
Témoignage	6,6 b	5,5 b	12,1 b	0,9 a	4,5 b	9,0 c
2 ml/L	6,8 b	6,5 a	13,3 b	1,1 a	4,7 b	13,5 c
4 ml/L	7,2 b	6,4 a	13,6 b	1,0 a	5,0 a	17,3 b
6 ml/L	7,3 b	6,4 a	13,7 b	1,2 a	5,3 a	25,1 a
8 ml/L	8,3 a	6,9 a	15,2 a	1,2 a	5,1 a	25,4 a
C.V.	14,8	15,9	10,5	15,1	10,9	16,7

Les moyennes suivies de la même lettre dans la colonne ne diffèrent pas selon le test de Tukey à un niveau de signification de 5 %.

Les résultats obtenus dans les traitements, dans la plupart des cas, se présentent sous une forme croissante, attribuant les effets de doses plus importantes, favorisant un développement meilleur et plus rapide des semis. La dose la plus élevée étudiée favorise une croissance considérable par rapport à la dose la plus faible et au contrôle, ce qui peut s'expliquer par l'effet de la dose la plus élevée présente dans les traitements corrélé au meilleur effet observé dans les résultats.

Les auteurs Vieira et Santos (2005) rapportent que les engrais foliaires et les biostimulants augmentent la vitesse de croissance des racines du coton, permettant une plus grande émergence, ainsi que la production de semis plus vigoureux. Cependant, certaines études montrent que les engrais foliaires et les biostimulants interfèrent avec l'absorption des nutriments par les plantes, ce qui indique que les réponses à leurs applications dépendent d'autres facteurs, tels que l'espèce végétale et la composition des substances humiques présentes dans les produits utilisés, ce qui nécessite plus d'informations sur l'effet réel de ces produits sur le développement des plantes (FERREIRA et al., 2007).

Le traitement de 2 ml/L a donné les résultats les plus faibles par rapport aux autres dosages, se distinguant par le nombre de feuilles et la teneur en chlorophylle, mais a montré un développement supérieur par rapport au témoin, notamment en ce qui concerne la longueur des racines, qui était supérieure de 6,5 cm à celle du témoin, qui était en moyenne de 5,5 cm. Selon Santos et al. (2013), les engrais foliaires et les biostimulants ont des effets positifs sur la majorité des caractéristiques, et ont permis la meilleure augmentation de la masse sèche des racines. La forme d'application par semence ou par engrais foliaire favorise l'augmentation des caractéristiques phytotechniques.

Le diamètre de la tige n'a pas varié de manière significative entre les traitements, montrant des résultats très similaires, en raison de la courte période de développement entre l'émergence et l'évaluation. En ce qui concerne le nombre de feuilles, les moyennes les plus élevées ont été observées dans les traitements avec des doses de 4, 6 et 8ml/L, restant égales, alors que la dose de 2ml/L n'a pas favorisé une augmentation significative par rapport au contrôle.

L'application d'engrais foliaire et de biostimulant a également favorisé une augmentation de la teneur relative en chlorophylle présente dans les feuilles des plantes, le contrôle a obtenu les résultats les plus faibles, qui ne diffèrent pas de la dose de 2 ml/L. La dose de 8 ml/L donnait la teneur relative en chlorophylle la plus élevée, avec celle de 6 ml/L, le traitement avec 4 ml/L différait des autres de 17,3 %.

Selon Pelissari (2012), la teneur en chlorophylle reflète la qualité des feuilles des plantes et, en conséquence de l'augmentation de cette caractéristique, il y a un taux de photosynthèse plus élevé, qui est directement lié à la croissance des plantes.

Les résultats obtenus lors de la deuxième évaluation, réalisée 22 jours après la levée, ont montré que les traitements avaient des moyennes de croissance plus élevées, en raison de la période de développement plus longue de la plante entre les évaluations. Toutefois, les résultats étaient similaires à ceux de la première évaluation. Parmi les facteurs qui ont contribué à l'amélioration de la croissance, il est évident que les plantes avaient déjà subi la deuxième application foliaire d'engrais et de biostimulant.

Pour la hauteur des plantes, toutes les doses d'engrais foliaire et de biostimulant étaient égales, avec une hauteur de 7,6 à 8,8 cm (tableau 3), avec les meilleurs résultats de développement par rapport au témoin. On peut constater que les traitements avec des engrais foliaires et des biostimulants ont eu des effets positifs.

Tableau 3- Hauteur de la plante (PA) cm, longueur des racines (RC) cm, longueur totale de la plante (TPC) cm, diamètre de la tige (CD) mm, nombre de feuilles (LE) et teneur relative en chlorophylle (RCT) chez les plants de poivrons (*Capsicum annuumL.*) à 22 jours après l'émergence en fonction de l'application d'engrais foliaire et de biostimulants.

Traitements	AP	CR	CTP	DC	NF	TRC
Témoignage	7,0 b	6,0 b	13,0 c	1,0 a	5,2 a	10,1 d
2 ml/L	7.6 ab	6,6 b	14,0 b	1,2 a	5,6 a	13,9 c
4 ml/L	7,9 a	6,8 b	14,7 b	1,4 a	5,7 a	17,8 b
6 ml/L	8,0 a	6,8 b	14,8 b	1,4 a	6,1 a	25,3 a
8 ml/L	8,8 a	8,0 a	16,8 a	1,4 a	6,1 a	25,6 a
C.V.	12,5	14,1	10,2	15,1	8,5	13,8

Les moyennes suivies de la même lettre dans la colonne ne diffèrent pas selon le test de Tukey à un niveau de signification de 5 %.

Source : Préparé par l'auteur.

En ce qui concerne la longueur des racines, le dosage de 8 ml/L d'engrais foliaire et de biostimulant a permis d'obtenir une grande augmentation du développement des racines par rapport aux autres traitements, atteignant une moyenne de 8 cm, ce qui était sensiblement différent des autres.

On peut observer que l'utilisation du biostimulant à une dose plus élevée a permis une plus grande croissance des racines des plantes par rapport au témoin, permettant ainsi une plus grande exploration du sol et un meilleur potentiel de développement des plantes après la transplantation. Selon Ferreira et al. (2007), les plants de fruits de la passion présentaient des racines plus longues avec des doses croissantes de biostimulant, tandis que les doses plus faibles favorisaient une croissance racinaire moindre.

Les résultats obtenus pour le diamètre variable de la tige ont montré qu'il n'y avait pas de différences significatives, tant dans la première que dans la deuxième évaluation, un facteur corrélé à la courte période de développement de la plante.

Les résultats moyens des traitements pour le nombre de feuilles étaient similaires, avec un nombre de feuilles plus important par rapport à la première évaluation, cependant, il n'y avait pas de différences significatives entre eux, avec des variations de 5,2 à 6,1 feuilles. En fonction des macro et micronutriments et des quantités présentes dans le biostimulant, il peut y avoir une influence sur le plus grand nombre de feuilles, ainsi que d'autres variables (POLACINSKI, 2020).

Selon Maia (2014), dans les analyses de la plante pinyon, la carence en azote a réduit de manière significative la surface foliaire, le nombre de feuilles et la longueur, le diamètre et la masse de matière sèche de la tige ; la longueur du système racinaire en plus de la teneur en chlorophylle mesurée par l'indice SPAD ; selon le même auteur, l'omission du soufre a provoqué une réduction significative de l'indice SPAD, de la surface foliaire, du nombre de feuilles, de la longueur et de la masse de matière sèche de la tige ; de la longueur, du volume et de la masse de matière sèche des racines.

Parmi ces facteurs, la différence entre les traitements et le contrôle peut s'expliquer par la teneur relative en chlorophylle, où les valeurs moyennes du contrôle ont atteint 10,1%, alors que la valeur la plus faible des traitements avec une dose de biostimulant était de 13,9%, le traitement avec une dose de 2 ml/L, et la valeur la plus élevée, 25,6%, a été obtenue avec l'application de 8 ml/L d'engrais foliaire et de biostimulant.

Par conséquent, les engrais foliaires et les biostimulants sont des substances qui interfèrent dans la croissance des plantes, dans ce contexte, on observe qu'en augmentant le volume de dosage jusqu'à 8ml/L, on obtient des résultats positifs considérables, en fournissant des semis plus grands, avec un système racinaire qui assure sa meilleure implantation et son développement après la transplantation, entre autres variables telles que la teneur en chlorophylle qui contribue directement à la qualité végétative de la plante.

Conclusion

Au vu des résultats présentés, il est évident que l'utilisation d'engrais foliaire et de biostimulant a permis de faire des progrès dans le développement des plants de poivrons.

Le traitement avec 8 ml/L de Biosyme, a favorisé le meilleur résultat pour les plants de poivrons, en augmentant leur croissance végétative.

RÉFÉRENCES

ABCSEM. 2009. Disponible à l'adresse suivante : <http://www.abcsem.com.br/>. Accès le : 23 jan. 2021.

ALBUQUERQUE, F.S. et al. Lixiviação de potássio em um cultivo de pimentão sob lâminas de irrigação e doses de potássio. **Revista Caatinga**,Fortaleza, v. 24, n. 3, p. 135-144, 2011.

ALMEIDA, G. ; M. et al. Développement des plantes par l'interférence des auxines, des cytokinines, de l'éthylène et des gibbérylines. **Journal brésilien de la technologie appliquée aux sciences agricoles**, Guarapuava, v.9, n.3, p.111-117, 2016.

ANDRIOLO, J.L. Fisiologia da produção de hortaliças em ambiente protegido. **Horticultura Brasileira**, Brasília, v.18, suppl, p.26-32, 2000.

ARAÚJO, J. A. C., CORTEZ, G. E. P., FERNANDES, C. **Efeitos dos diferentes substratos na produção de mudas de pimentão.** Jaboticabal : FCAV/UNESP. 48 p., 2000.

ARYSTA LIVE SCIENCE DO BRASIL. **Biozyme**. Disponible à l'adresse suivante : https://www.upl-ltd.com/br/defensivos-agricolas/tratamento-de-sementes/biozyme. Accès le : 23 jan. 2021.

BINSFELD, J. A. et al. Uso de bioativador, bioestimulante e complexo de nutrientes em sementes de soja. **Pesquisa Agropecuária Tropical,** Brasília, v. 1, n. 1, p. 88-94, 2014.

BOARETTO, A. E. et al. **Foliar fertilization**. Campinas : Fundação Cargill, v. 2, 652 p., 1989.

BOURSCHEIDT, C. E. Bioestimulante e seus efeitos agronômicos na cultura da soja (*Glycinemax*). **Pesquisa Agronômica Brasileira,** Ijuí, v. 28, p. 201-217, 2011.

BRANDÃO FILHO,J. U. T. et al. **Fruits et légumes.** Maringá:Eduem, 2018. 535 p.

CASTRO, P.R.C. ; VIEIRA, E.L. **Aplicações de reguladores vegetais na agricultura** tropical. Guaíba : Agropecuária, 2001.

CARVALHO, N. M. ; NAKAGAWA, J. **Sementes : ciência, tecnologia e produção**. 4 ed. Jaboticabal : Funep. 2000. 588 p.

CARVALHO, J. A. et al. Análise produtiva e econômica do pimentão-vermelho irrigado com diferentes lâminas, cultivado em ambiente protegido. **Revista Brasileira de Engenharia Agrícola e Ambiental,** Campinas, v.15, n.6, p.569-574, 2011.

CARVALHO, L. E. et al. Práticas **alternativas para manejo da murcha da fitóftora (*Phytophthoracapsici*) na cultura do pimentão.** Bambuí : IFMG.
2015. 14 p.

DABADIA, A. C. A. Uso de bioestimulante na assimilação do nitrato e nos caracteres agronômicos em feijoeiro. **Cultura Agronômica**, Ilha Solteira, v.24, n.4, p. 321-332, 2015.

DANTAS, A. C. V. L. et al. Efeito do ácido giberélico e de bioestimulante Stimulate® no crescimento de tamarindo. **Revista Brasileira de Fruticultura,** Jaboticabal, v. 34, n. 1, p. 08-14, 2012.

DOURADO NETO, D. et al. Aplicação e influência do fitorregulador no crescimento das plantas de milho. **Revista da Faculdade de Zootecnia, Veterinária e Agronomia**. São Carlos, v.11, p.93-102, 2004.

Empresa Brasileira de Pesquisa Agropecuária- EMBRAPA. **Cultivo de tomate para industrialização**. Brasília : EMBRAPA, v. 1, 2003. 13 p. (Circulaire technique).

Empresa Brasileira de Pesquisa Agropecuária. EMBRAPA, **Hortaliças Sistemas de Produção**. Version électronique, 2007. Pimenta (*Capsicum* spp.).

Empresa Brasileira de Pesquisa Agropecuária- EMBRAPA. **Cultivo de Tomate.** Brasília : EMBRAPA, v. 3, 2010. 28 p. (Circulaire technique).

FAYAD, J. A. et al. Absorption des nutriments par la tomate cultivée dans des conditions de champ et d'environnement protégé. **Revista Horticultura Brasileira,** Brasília, v. 20, p. 90-94, 2002.

FERREIRA, A. G., BORGHETTI, F. **Germinação : do básico ao aplicado**. Porto Alegre : Artimed. 323 p., 2004.
FERREIRA, L. A. et al. Bioestimulante e fertilizante associados ao tratamento de sementes de milho. **Revista Brasileira de Sementes**, Brasília, v. 29, n. 2, p. 80-89, 2007.

FERREIRA, M. M. M. et al. Eficiência da adubação nitrogenada do tomatoiro em duas épocas de cultivo. **Revista Ceres**, Viçosa, v. 57, n.2, p. 263-273, 2010.

FILGUEIRA, F. A. R. **Novo Manual de Olericultura : agrotecnologia moderna na produção e comercialização de hortaliças**. Lavras : Editora UFLA, 333 p., 2008.

FINGER, F. L. ; SILVA, D. J. H. Cultura do pimentão e pimentas. Dans : FONTES, P. C. R. (Ed.). **Olericultura : teoria e prática.** Viçosa, MG : UFV, p. 429-437, 2005.

FAO, Organisation des Nations unies pour l'alimentation et l'agriculture. Statistiques de la FAO
Programme de travail. 2020. http://faostat3.fao.org/browse/Q/*/E

GENUNCIO, G. C. et al. Produção de cultivares de tomateiro em hidropônia e fertirrigação sob razões de nitrogen e potássio. **Horticultura Brasileira,** Brasília, v. 28, p. 446-452, 2010.

GOTO, R., et SILVA, E.S. **Produção de mudas de tomateiro, pimenteiro e cucumber.** Maringá : EDUEM, 2018, pp. 387-400.

HF BRAZIL. HORTIFRUTI/CEPEA : **Principales caractéristiques des poivrons en BR.** 2017. Disponivelem : < https://www.hfbrasil.org.br/br/hortifruti-cepea-principais-caracteristicas-do-pimentao-no-br.aspx>. Acessoem : 23 jan. 2021.

HORNKE, N. F. et al. Utilisation d'engrais foliaire dans la performance physiologique des graines de potiron Moranga. **Tecnologia e Ciência Agropecuária,** São Paulo, v. 12, n. 3, p. 31-35, 2018.

HUBER, D. M. Le rôle de la nutrition minérale dans la défense. **Academic Press**, New York, v.5, p.381-406,1980.

KANAI, S. et al. La dépression de l'activité de la peau précède l'inhibition de la production de biomassues chez les tomatoplants soumis à un stress de carence en potassium. **Journalof Experimental Botany**, Amsterdan, v. 58, p. 2917-2928, 2007.

LANA, A. M. Q. et al. Aplicação de reguladores de crescimento na cultura do feijoeiro. **BioscienceJournal.** Uberlândia, v. 25, n. 1, p. 13-20, 2009.

LIMA, A. A. et al. Foliar concentration of nutrients and productivity of tomato cultivated under different substrates and doses of humic acids. **Revista Horticultura Brasileira,** Brasília, v. 29, p. 63-69, 2011.

LORENTZ, L. H. ; **Variability of pepper fruit production in plastic greenhouse, related to experimental techniques**. 2004. 56 f.Mémoire (Master en agronomie). Universidade Federal de Santa Maria, Santa Maria, 2004.

MATOS, E. S. ; SHIRAHIGE, F. H. ; MELO, P. C. T. Desempenho de híbridos de tomate de crescimento indeterminado em função de sistemas de condução de planta. **Revista Horticultura Brasileira**, Brasília, v. 30, n. 2, p. 240-245, 2012.

MACHADO, A. Q. et al. Produção de tomate italiano (saladete) sob diferentes densidades de plantio e sistemas de poda visando ao consumo *in natura*. **Revista Horticultura Brasileira,** Brasília, v. 25, p. 149-153, 2007.

MAIA, J. T. L. S. et al. Omission of nutrients in jatropha plants grown in nutrient solution. **Revista Ceres**, Lavras, v. 61, n. 5, p. 723-731, 2014.

MALAVOLTA, E. **Nutrition minérale des plantes**. São Paulo : Ed. agr. Ceres, 631 p., 2006.

MAROUELLI, W. A. **Tensiomètres pour le contrôle de l'irrigation des légumes.** Brasília : Embrapa Hortaliças. Circulaire technique, n. 57, 15 p., 2008.

MARSCHNER, H. **Mineral nutritionofhigherplants**. Londres : Academic Press, 1995.

MARTINS, G. Cultivo em ambiente protegido. Viçosa : UFV, 148 p., 2000.

MELLO, S. C. ; C. VITTI, G. C. Desenvolvimento do tomateiro e modificações nas propriedades químicas do solo em função da aplicação de resíduos orgânicos, sob cultivo protegido. **Revista de Horticultura Brasileira**. Brasília, v. 20, n. 2, p. 275-284, 2009.

MELO, P.C.T. et al. Performance des cultivars de tomates dans le système biologique sous culture protégée. **Revista Horticultura Brasileira,** Brasília, v. 27, p. 553-559, 2009.

MOGOR, A. F. et al. Chlorophyll content in tomato cultivars submitted to foliar applications of magnesium. **Pesquisa Agropecuária Tropical,** Goiânia, v. 43, n. 4, p. 363-369, 2013.

MOREIRA, G.R.M. et al. **Espécies e variedades de pimenta**. Belo Horizonte : EPAMIG, 2006. v.27, p.16-29. (Informe Agropecuário).

MUELLER, S. Modos de aplicação de fósforo para duas cultivares de tomato. **Revista Horticultura Brasileira.** Brasília, v. 33, p. 356-361, 2015.

NAIKA, S. **A cultura do tomate** : **produção, processamento e comercialização**. Florianópolis : UFSC, 2005. 105 p.

NASCIMENTO, W. M. ; DIAS, D. C. F. S. ; FREITAS, R. A. Produção de sementes de pimentas. **Informe agropecuário,** São Paulo, v. 27, n. 235, p. 30-39, 2006.

NASCIMENTO, W. M. **Produção de Sementes de Hortaliças.** v. 1, 14 ed. 2014.

OLIVEIRA, R. H. Caracterização de sintomas visuais de deficiência de micronutrientes em tomatoiro do grupo salada. **Semina,** Londrina, v. 30, v. 11, p. 1093-1100, 2006.

PELISSARI, G. et al. Hormones régulateurs de croissance et leurs effets sur les paramètres morphologiques des graminées fourragères. Dans : SEPE - Simpósio de Ensino, Pesquisa e Extensão. **Anaïs...** Unifra, 2012, Santa Maria - RS, 2012.

PETRI, J. L et al. **Reguladores de crescimento para frutíferas de clima temperado**. Epagri, 2016.141 p.

POLACINSKI, J. F. **Crescimento vegetativo de plantas de tomato em função da aplicação de bioestimulante**. 2020. 38 f. Monografia. (Diplôme d'agronomie). Universidade do estado do Mato Grosso, Alta Floresta, 2020.

REIFSCHNEIDER, F. J. B. (Org.). *Capsicum*, **piments et poivrons au Brésil.** Brasília : Embrapa CNPH, 2000. 113 p.

REIS, L. S. et al. Evapotranspiration et coefficient de culture de la tomate kaki cultivée en milieu protégé. **Revista Brasileira de Engenharia Agrícola e Ambiental,** Campina Grande, v. 13, p. 289-296, 2009.

REVISTA RURAL, le magazine de l'industrie. La **culture durable des poivrons assure le profit des producteurs.** 2019. Disponible sur:<https://www.revistarural.com.br/2019/07/22/cultivo-sustentavel-do-pimentao-garante-lucro-aoprodutor/#:~:text=A%20hortali%C3%A7a%20%C3%A9%20cultivated%20naseja%2C%2C%20113.844%2C7%20tonnes.>. Accès le : 23 janvier 2021.

RODRIGUES, D. S. et al. Quantité absorbée et concentrations de micronutriments dans les plants de tomates en culture protégée. **ScientiaAgricola**. Botucatu, v. 59, n.1, p.137-144, 2002.

SMIDERLE, O.J. et al. Production de jeunes plants de laitue, de concombre et de poivron dans des substrats combinant sable, terre et Plantmax®. **Horticultura Brasileira,** Brasília, v.19, n.3, p.253-257, 2001.

SANTOS, V. M. et al. Uso de bioestimulantes no crescimento de plantas de *Zeamays* L. **Revista Brasileira de Milho e Sorgo**. São Paulo,v. 12, n. 3, p. 307-318, 2013.

TAIZ, L. ; ZEIGER, E. **Physiologie végétale**. 5 éd. 954 p. Porto Alegre : Artmed, 2013.

TREICHEL, M. ; CARVALHO, C. ; BELING, R. R. **Anuário brasileiro de sementes**. Santa Cruz do Sul : Gazeta Santa Cruz, 2016. 72 p.

VAN OOSTEN, M. J. et al. The role ofbiostimulantsandbioeffectors as alleviatorsofabiotic stress in cropplants. **Chemical and Biological Technologies in Agriculture**, Londres, v. 4, n. 5, p. 238-246, 2017.

VIEIRA, E. L. ; CASTRO, P. R. C. **Ação de bioestimulante na cultura da soja (***Glycine max* **(L.) Merrill).** Cosmópolis : Stoller do Brasil, 2004.

VIDIGAL, D. S. et al. Alterações fisiológicas e enzimáticas durante a maturação de sementes de pimenta (*Capsicum annuum* L.). **Revista Brasileira de Sementes**, Brasília, v. 31, n. 2, p. 129-136, 2009.

MIX
Papier aus verantwortungsvollen Quellen
Paper from responsible sources
FSC® C105338
FSC
www.fsc.org